趣味
天文学
系列丛书

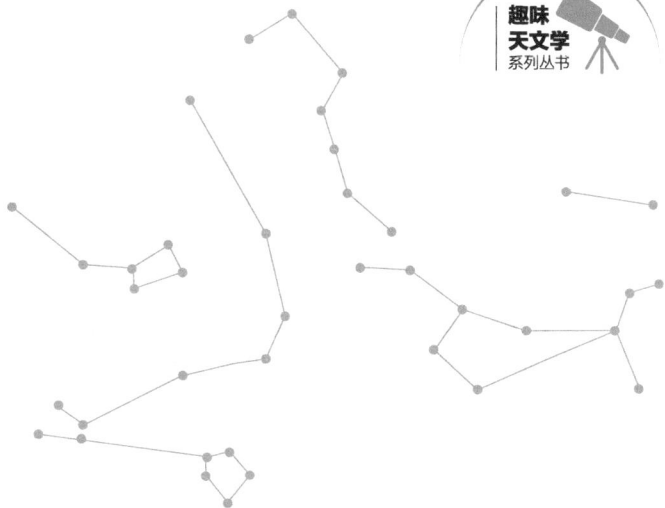

Dialogues
between
Heaven
and
Man

天 与 人
的 对 话

姚建明 编著

清华大学出版社
北 京

内 容 简 介

远古人类以天为鉴，古埃及人建的大金字塔，就是通天的道路；我们的祖先修筑的紫禁城，就是天上的皇宫在人间的存在。这一切，都是为了体现"天人合一"。本书为你介绍这些人类历史上的奇迹。从原始人类开始说"天"，从人类本能说命理，解释"占星术"，分析西方的医学、君国、生辰占星术；讲述我们国家的"分野"的概念。

本（套）书面对所有爱好读书、爱好天文学的读者。

图书在版编目（CIP）数据

天与人的对话 / 姚建明编著. — 北京：清华大学出版社，2019（2025.9 重印）
（趣味天文学系列丛书）
ISBN 978-7-302-51837-2

Ⅰ.①天… Ⅱ.①姚… Ⅲ.①天文学—普及读物 Ⅳ.①P1-49

中国版本图书馆CIP数据核字（2018）第284314号

责任编辑： 朱红莲
封面设计： 傅瑞学
责任校对： 刘玉霞
责任印制： 曹婉颖

出版发行： 清华大学出版社
   网 址： https://www.tup.com.cn, https://www.wqxuetang.com
   地 址： 北京清华大学学研大厦A座 **邮 编：** 100084
   社 总 机： 010-83470000 **邮 购：** 010-62786544
   投稿与读者服务： 010-62776969, c-service@tup.tsinghua.edu.cn
   质量反馈： 010-62772015, zhiliang@tup.tsinghua.edu.cn
印 装 者： 涿州市般润文化传播有限公司
经 销： 全国新华书店
开 本： 148mm×210mm **印 张：** 5.125 **字 数：** 126千字
版 次： 2019年4月第1版 **印 次：** 2025年9月第4次印刷
定 价： 29.00元

产品编号： 079565-01

丛书总序

先和读者讲一段作者的亲身经历吧。是这样的，大家遇到初次见面的朋友，会相互寒暄，一般都要问问对方的工作情况吧。轮到朋友问我时，我会告诉他们："我是大学老师。"接下来，至少已经有3位初次见面的朋友接着问我："教体育的吧？"等后来和他们熟了，我就问他们了："凭什么认为我就是教体育的呢？"（这里没有轻视的意思，只是想搞明白！）他们会说："呃，你老先生体格那么壮，面孔又那么黑，看着就像教体育的！与你教授的'大学物理''天文知识基础''现代科技概论'等课程，似乎不沾边吧！"

为什么和大家说这段经历呢？当然和我们这套丛书有关。2008年出版的《天文知识基础》一书从面世到现在已经是第2版了，马上就要出第3版。从读者的反馈来看，一个最突出的现象就是：读者也好，大众也罢，总是"先入为主"地认为，天文学深奥、难懂、太"高大上"。真的那么难懂吗？我和读者、我的学生们都讨论过这个问题，我问他们："如果我带你们去认星星，一个晚上你认识了二十几颗星星，几个晚上行星、恒星、卫星（包括月亮在内）就分得清楚了，认识到上百颗星星了，你足可以是一位天文爱好者了，是不是就懂得天文学了？"这个问题就与我开始和大家说的经历一样，大家都是"先入为主"，都是在听别人说的，没有亲自去尝试一下。当然，我们一方面为你"宽心"，告诉你学习天文学并不难；另一方面，我们也行动起来，为读者们奉献这套更容易懂、更接地气、内容与你更密切相关的《趣味天文学系列丛书》。写这套丛书就是想让你对天文学更感兴趣，并为此学习一些天文学知识。

本丛书的名称是"趣味天文学系列丛书"，它是在两个版本的《天文知识基础》出版之后，在读者反馈基础上产生的想法。具体来说，就是我们把那些读者最感兴趣的、社会生活中最实用的天文学知识拿出来，用贴切的语言、灵活的组织形式重新编写成书。利用丛书的形式可以使书的内容更集中、兴趣点更突出。这套丛书，可以说是在天文学知识的基础上，又突破和拓展了许多。

第一册《天与人的对话》在解释了"天"之所以是"老天（爷）"等我国原始的知识基础上，剖析了什么是"天人感应""天人合一"，并分析和介绍了中外"星相学"的知识，同时感受中国古代文明的伟大。

第二册《星座和〈易经〉》是两个极其吸引人，又让人感到迷信、迷茫、深奥的话题。其实，它们并不深奥，"星座"不是科学，只是一种文化，而且只是娱乐性的文化。而《易经》谈论的更多的是中国古代文明的哲学思想，用《易经》算命只是帮助你更清楚地认识自我，辨清形势，并给出一些"合理"的建议。

第三册《天神和人》，希腊神话故事美妙动听、情节跌宕。它最早起源于希腊民间传颂的故事，后经过系统性的整理，加上作家的再创作而得来。中国古代神话人物——女娲、大禹、孙悟空等，也都有很美妙的神话故事，可你有没有察觉到，希腊神话人物与我国神话人物之间的区别。告诉你区别可大了去啦，这本书里会帮你分析。

第四册《星星和我》，看书名就知道是一起去认星星，让你成为"天文爱好者"。不仅如此，我们还像社会上流行的钢琴、古筝、架子鼓评级一样，我们为你"评（星霸）级"。非常简单，按数量评级。比如，你认识了北斗七星，接着认识了北极星，这就八颗星了。夏天一抬头"织女星"就在你的头顶，隔"河"再认识一下"牛郎星"，好啦，这就10颗星了，你就是"星霸初级"了！再加努力，相信一年认下来，达到"10

级",就认识 100 颗左右的星星啦!

第五册《流星雨和许愿》,相信大家都会很喜欢这本书。那么漂亮、壮观的流星雨,什么时候会出现,怎么去看?这本书都会告诉你。而且,流星出现的时候还可以许愿,把心愿告诉"上天",把"秘密"通过流星传达给心爱的人。流星雨是很美,地球上、太阳系中还有更美的天象——极光和彗星,我们都会为你详细介绍。

第六册《黑洞和幸运星》,黑洞你一定听说过,但是很少有人真正了解,因为量子力学毕竟只有物理专业大学本科以上的人才能学懂。没关系,我们会用浅显易懂的语言解释黑洞,少讲原理,多注重现象和效果。通过介绍当今宇宙中最"热门"的天体"中子星""脉冲星"来告诉你,它们代表着宇宙的希望和未来,能为宇宙带来新生,为大家带来幸运!

讲了这么多,相信已经"勾引"起你对天文学的兴趣了。读一读这套《趣味天文学系列丛书》吧,你可以选读,更希望你通读。我们一直坚持了我们出版的科普书籍的特点——可读性!介绍知识是起点,开阔视野、拓展知识面是目标。希望这套书能为你丰富多彩的生活添加一份属于天文学的乐趣!

姚建明

2018 年 8 月于浙江舟山台风季

前 言

　　每个到过北京的人都应该去过故宫吧？你去过了吗？感悟到什么了？如果你是带着孩子去，或者与小伙伴们一道去，特别是有异性朋友一起时，你不想"显摆"一下自己，让他们知道你是"上知天文、下晓地理"的吗？OK，这本书里我们为你准备了"吹牛"的素材。

　　国人现在都富裕了，大家有闲钱出去旅游了，有很多人已经去过很多个国家。我想问，埃及你去过吗？金字塔看了吗？去看看吧，欣赏金字塔的伟大就和你逛故宫赞叹老祖宗的"本事"一样，是值得去做的事情。我们不是旅游公司的，我们鼓动你去故宫、去看金字塔，是让你体会两个文明古国自古至今的"天人感悟""天人合一"的理念和思维，他们已经渗透到历史和社会的方方面面，你不能不知道！

　　说道"天人感悟"，最简单的事例就是我们每天的时间表达了。我曾经问过学生们这样一个问题：原始人最早确立的时间单位是"年、月、日"中的哪个？对，你答对了，是"日"。因为太阳升起落下、天空一明一暗，太明显的规律。我们的祖先当然"感悟"到了"老天爷"的意思。好，接着感悟……由月圆月缺确定了"月"；由春夏秋冬的冷暖变化确定了"年"。不断地观测确认他们的变化规律，这就有了天文学。科学就是规律、就是人类去熟悉和掌握的大自然和社会的规律和法则。

　　"天人合一"这词肯定会让你想到"占星术""星相学"等，他们没区别，都来自于"上天"，然后经过地面上的人去"诠释"天上的现象的所谓含义。比如，我们国家的占星术就是把全天分为"三垣四象二十八星宿",紫薇垣代表皇宫,太微垣代表国家机构,天市垣代表市场和天下各地;四象和二十八星宿具体代表"天下的分野"。也就是说,天上的每颗星星都被"诠释"了,出了什么"星象"你去对照什么解释,这就是占星术。西方国家的"星相学"更是把"天"、把"天文学"作为一种"诠释"人的思维和行为的手段工具。比如,黄道十二星座分区,天文学的分区和星相学的分区完全不同,星相学是平均分区的,这样才能方便把人的性格十二等分。

这里为你介绍占星术、星相学,目的就是让你知道他们的来龙去脉。你知道了,就能够明白他们应该起什么作用了。起什么作用呢?娱乐、开阔视野、拓展知识面、多一些"吹牛"聊天的素材,随便你了,反正不要相信他们能左右你的人生就行!相信的话,你可就真的惨啦!

目 录

第 1 章

与天对话是人类永恒的主题

　　说到天与人之间的关系脑海中突然冒出了一个与天文学无关，而且还有点荒唐的事情。前几年有一个新闻热点，北京的"天上人间"是一个被某些人寓意为享乐的地方，那里的经营者在科学知识上完全可以称之为"科盲"，但当他们给自己的娱乐场所起名字时第一个想到的就是"天上（人间）"、就是"天人合一"想借老天爷的"光"。可见"上天""老天爷""以天为鉴"一直是人类发展和存在的主题。

　　称之为"天上""上天"，这是一种多么纯真、向往的崇拜呀；"老天爷"，尊敬、依赖、多么朴素而又万能的身份体现；"以天为鉴"说明人类的生存、进化一直是在仰头看天，以期待上苍的指引的。尤其是文明并不发达的年代。

1.1　远古人类以天为鉴

1.1.1　埃及大金字塔有一条法老的通天之路

世界上很多著名的建筑物都是"天象的倒映"。

人类历史上最宏伟、最壮观的建筑物（群）应该首推埃及的大金字塔（图1.1）！一般人看到它们可能想到的是劳工劳作的辛苦，进一步又奇怪那些巨石是怎样被运输和堆砌起来的？而历史学家想到

图 1.1　埃及大金字塔

的是金字塔为什么是这样的造型和结构，建造它们的价值和意义何在？我们要说的是，金字塔的建造和存在所体现出来的是埃及文明、它的天文学意义以及古埃及人"天人合一"的思想。

1. 古埃及人的死亡观

《金字塔铭文》（*Pyramid Text*）中有这样的话："天空把自己的光芒伸向你，以便你可以去到天上，犹如'拉'的眼睛一样。"

古埃及文明的开始有这么一个与我国盘古开天辟地的神话相似的传说：在遥远的史前文明时期，天地一片混沌。创世之神"拉"（Rah）——古埃及的太阳神，他决定开辟一个世界。"拉"创造了"休"（Shu），一个空间之神，然后让"休"去开天辟地，并把"休"新开辟的世界命名为（mood）。"拉"将一片干涸大地改造为适合人类生存的土壤。从

此，埃及文明拉开了序幕。

英国博物馆埃及部前任负责人爱德华博士仔细研究了埃及文中"pyramid"（金字塔）一词，认为其中字母"m"代表的意思是"地方"或"工具"，而字母"r"的意思是"升天"。也就是说金字塔内在的、更隐秘的、更深层的含义就是"登天之所"。此外，古埃及神话中将通往天堂的尘界之门称作"罗塞托"，而这一地点已被证实就是吉萨。

"升天""登天之所"这些和法老们建造金字塔有关吗？

这是古代埃及人的"死亡观"所决定的，他们十分注重对死亡的认识，有一本历史文献就叫《亡灵书》。《亡灵书》的基本思想是灵魂并不随同肉体一起死亡。按古埃及人的观念，人生在世死后升天，主要依靠两大要素：一是看得见的人体"木乃伊"；二是看不见的灵魂"巴"。灵魂的形状是长着人头、人手的鸟。人死后，"巴"可以自由飞离尸体。但尸体仍是"巴"依存的基础。为此，要为亡者举行一系列名目繁多的复杂仪式，使他的各个器官重新发挥作用，使木乃伊能够复活，继续在来世生活。而亡者在来世生活，需要有坚固的居住地。古王国时的金字塔和中王国、新王国时期在山坡挖掘的墓室，都是亡灵永久生活的住地。

古埃及人认为，现世是短暂的，来世才是永恒的。这就是在埃及我们所看到的，到处都是陵墓和庙堂，而找不到古代村落遗址的缘故。同时古埃及人认为今世的欢乐是极为短暂的，死后的极乐世界才是他们的终极追求，那么如何才能顺利到达来世的幸福王国呢？首要的就是妥善地保存尸体，即将尸体制成木乃伊，然后再正确指引他们升入天堂。这种死亡观无疑很好地解释了埃及金字塔和木乃伊存在的原因。此外，法老将坟墓建成角锥体的形式（即如今金字塔的形式）又是因为古埃及人的一种观念：国王死后要成为神，他的灵魂要升天，而金字塔就是他们通往天堂的天梯。《金字塔铭文》中也这样记述道："为他（法老）建造起上天的天梯，以便他可由此上到天上。"这很好地证明了这观点。同时，角锥体金字塔形式又表示对太阳神的崇拜，因为古代埃及太阳神"拉"的标志是太阳光芒。金字塔象征的就是刺向青天的太阳光芒。就像《金字塔铭文》中的这段话："天空把自己的光芒伸向你，以便你可以去到天上，犹如拉的眼睛一样。"后来古代埃及人对方尖碑的崇拜也存有这个含义，因为方尖碑也表示太阳的光芒。

"外星派"也对"登天之所"或"升天之地"做出了他们的解释，认为金字塔是宇宙飞船的发射塔，"天上"即意味着外星球。但这种解释缺乏科学的严谨性。如果我们将"未来说（类似佛教中的轮回）"引用于此，那么据此所得出的结论就显得合理得多：我们完全可以将"升入"理解为"转世复活"；把"天上"解释为未来世界。而"拉"又是古埃及神话中的太阳神。据考证，他的儿子捷德夫拉和哈夫拉是拥有"太阳神拉之子"这一称号的最早的国王，这暗示着胡夫已成为拉。古埃及人相信，法老通过金字塔，死而复生就能进入另外一个世界。金字塔又被称作"巨大的眼睛"，因此"犹如拉的眼睛一样"即暗示了胡夫在复活之后将能够目睹未来世界。那么金字塔也就是帮助尚处于远古的人（特指胡夫）在遥远的未来世界中复活的"让人休眠千万年的场所"。此外，在晚于吉萨古建筑群的很多金字塔的内墙上都雕刻着有关死亡和来世的古埃及神话和宗教礼仪的经文，也很好地说明了这点。

2. 如何找到"通天之路"

我们不关心古埃及人如何保存尸体制作木乃伊，我们关心的是他们是怎样找到法老的登天之路的。

在埃及，死神俄赛里斯掌管着出生、在世、死亡、复活这一伟大的轮回，而天上的猎户座就是他居住的地方，把法老（国王）送到那里，就能让俄赛里斯神陪他完成这一轮回。俄赛里斯神最小的妹妹同时也是他妻子的性爱女神伊希斯死后化为了天狼星，而大金字塔中王后墓室引出的一条通道就是指向天狼星的。

　　1993 年，一个叫作罗伯特·波法尔的比利时土木工程师发现了天空和吉萨金字塔之间引人注目的神秘联系：吉萨三大金字塔相对位置与猎户座的三颗腰带星精确对应（图 1.2），甚至三星的亮度对应于三座金字塔的高度。胡夫大金字塔恰好对应着参宿一，哈夫拉第二金字塔则与参宿二相对应，而门卡乌拉第三金字塔对应的是参宿三。它们的位置，相对于另外两个金字塔（构成猎户的两个肩膀）来说，要偏东一点。这正好构成了一幅极其完整的猎户星座构图。同时，沿着它们排列的方向，还能很容易地找到天狼星。

图 1.2　吉萨三大金字塔对应猎户座三颗腰带星

　　图 1.2 由北向南视角：吉萨三大金字塔对应猎户座三颗腰带星，图中左上方为参宿四，左下方为天狼星。寻找天狼星最简易和常用的方法是通过猎户座的三颗腰带星。

　　大金字塔内部通道表达了这样的天文学含义：金字塔内四条主要通道分别正对天狼星、猎户座、天龙座 α 和小熊座 β（图 1.3）。消除了岁差的影响，指向天狼星和猎户座的通道在金字塔建造的年代是精确定位天狼星和猎户座的。另外两个通道指向了当时年代的北极星——

天龙座 α 和与岁差修正相关的小熊座 β。也就是天龙座 α 是古埃及人当时认定的北极星，而小熊座 β 在所有亮星中最靠近地轴岁差运动的轴心所指向的北天极。寻找天狼星的最简易的方法就是通过猎户座的三颗腰带星，把它们的连线指向左下，看到的最亮的星就是天狼星。指向天狼星和猎户座的通道在整个路径上是笔直的（图 1.4），而指向天龙座 α 和小熊座 β 的通道在整个路径上存在弯曲，弯曲意味着两颗星的位置需要经过计算（以后观测的人们需要扣除岁差的影响）。

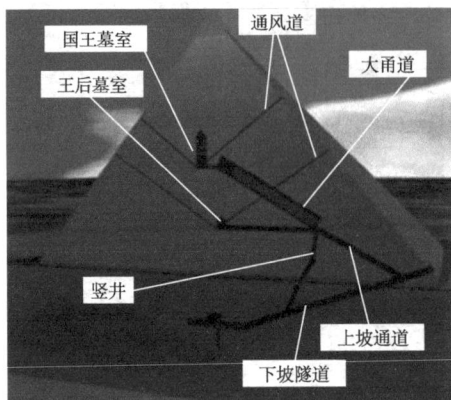

图 1.3　吉萨大金字塔内部结构图

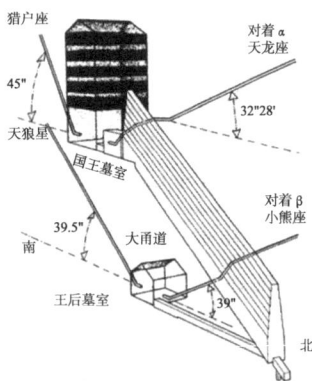

图 1.4　吉萨大金字塔内部通道指向图

古埃及未形成现今星座的概念。现代星座是由古巴比伦人提出的，大多由古希腊传统星座演化而来，并且由当今国际天文学联合会（IAU）正式定名为 88 星座。天狼星是大犬座第一亮星。一般认为大金字塔落成于距今四千多年前。但是在数千年的历史长河中，猎户座三颗腰带星的相对位置几乎没有改变，参宿一、参宿二和参宿三完全可以作为寻找天狼星的标志。

天狼星是与胡夫大金字塔相关的少数几颗恒星之一。埃及人有独立的天狼星历，并将天狼星记入历书。天狼星历和历书对指示尼罗河泛滥和指导农业运作起到了必要的作用。

在埃及有一本公元前 421 年的、内容详细的历书。这本历书以天狼星升起（初显为 7 月 19 日）为准，它采用了一种称为天狼星周期的历法概念。所谓天狼星周期，亦即天狼星再次和太阳在同样的地方升起的周期；在固定的季节中，天狼星自天空中消失，然后在太阳升空天亮以前，再次从东方的天空中升起。从时间上计算，若将小数点的尾数除去，这个周期则为 365.25 日。

同时，在古埃及的历法中，特地将天狼星比太阳早升空的那天，定为元旦日。而此前，在海里欧波里斯，这个金字塔经文的撰写地，古埃及人早已计算出元旦日的来临。在金字塔经文中，天狼星被命名为：新年之名（Her name of the new year）。

在金字塔铭文中曾经反复提到"永远的生命"，法老王如果经过再生，从而成为猎户星座的一颗明星后，便获得永生，鲜明地表达了再生的意愿："噢，王哟。你是伟大的明星，猎户星座中的伙伴……从东方的天空中，你升了起来，在恰当的季节获得新生，在恰当的时机获得重生……"这样看来，猎户星座代表了法老重生的正确地点；而天狼星（偕日升）代表了法老重生的正确时间。

大金字塔存在着许多和太阳、地球有关的"天文学神秘数字"：

（1）大金字塔的高度（现代测量值为 146.6 米）乘以 10 亿，其乘积近似于地球到太阳之间的距离，即 1.495 亿千米；

（2）大金字塔塔基（正方形）的边长，如用古埃及的丈量单位埃耳计为 365342 埃耳，其值和公历年一年的天数刚好一致；

（3）大金字塔的塔基周长除以 2 倍的塔高，其值近似于著名的圆周率；

（4）穿过大金字塔的一条子午线将地球上的海洋和陆地分为对等的两半。

此外，大金字塔内部的直角三角形厅室，各边之比为 3∶4∶5，体

现了勾股定理的数值。而其总重量约为 6000 万吨，如果乘以 10 的 15
次方，正好是地球的重量。

这些都是为了"烘托"大金字塔的天文学价值吗？

3. 金字塔的真正价值

金字塔的附近建有一个
雕着哈夫拉的头部而配着狮子
身体的大雕像，即狮身人面像
（图 1.5）。除狮身是用石块砌成
之外，整个狮身人面像是在一块
巨大的天然岩石上凿成的。它至
今已有 4500 多年的历史。狮身人
面像总是面朝正东方，即日月星
辰升起的地方。在古埃及语中"金
字塔"和"地平线"使用的是同一个词。

图 1.5　狮身人面像

为什么刻成狮身呢？在古埃及神话里，狮子乃是各种神秘地方的
守护者，也是地下世界大门的守护者。因为法老死后要成为太阳神，
所以就造了这样一个狮身人面像为法老守护门户。第四王朝以后，其
他法老虽然建造了许多金字塔，但规模和质量都不能和上述金字塔相
比。第六王朝以后，随着古王国的分裂和法老权力下降以及埃及人民
的反抗和有些人的盗墓，常把法老的"木乃伊"从金字塔里拖出来，
所以埃及的法老们也就不再建造金字塔，而是在深山里开凿秘密陵墓
了（帝王谷）。

另一方面，研究人员发现狮身人面像的目光总是汇集于一点，永
远注视着东边的海平面，这一点正是当时年代的太阳在春分这天从海
平面升起的地方。通过计算机模拟天象发现在大约公元前一万年前，
太阳与狮子座升上天空，而狮身人面像正好处于其旋转周期中距离地

球最近的一点上（春分点），春分的星座改作狮子座的那一段时间，当太阳造访吉萨高地的狮身人面像时，也是狮身人面像能够面对自己的星座的唯一时间。

在世界各地古人们建造了许多具有天文学象征意义的金字塔。比如墨西哥的"日月金字塔"可以指示春分点的方向。埃尔塔欣（El Tajin）金字塔又叫神龛金字塔（图 1.6）。塔基呈方形，每边长约 27 米，高约 18 米，共

图 1.6　神龛金字塔

为 6 层，最上层已经毁损。金字塔正面有一条宽大的阶梯通至塔顶。金字塔各层被布置得像楼房的走廊，上边是宽厚的飞檐，下边是凹进去的神龛，飞檐突出在凹进去的神龛上，产生出不可思议的明暗对比效果。各层神龛的总数是 365 个。365 这个数字是太阳历中一年的天数，据推断，神龛金字塔具有祭祀和历法意义。

1.1.2　天之影像四方五行合一的紫禁城

古语曰："方位自天，礼序从人。"

《左传·昭公二十五年》里这样写道："礼，上下之纪，天地之经纬也，民之所以生也⋯⋯"

礼，在汉文化中凝聚了传统和现实；礼，深含着人们对宇宙天地的敬畏。礼，是对德性的追寻，对和谐的追求，对人本身的期望和宽容，以及对美好生活的期待，对审美情趣的重视和培养，以及对社会秩序的协调，礼包含了人生能够遇到的一切问题的制度化或习俗化准则，即《左传·隐公十一年》所谓："礼，经国家，定社稷，序民人，利后嗣者也。"

　　而最初的"礼"何来？我们的祖先告诉我们：从上天得来。

　　《易经》里有这样一句话："观乎天文，以察时变。"《易·系辞传》里写道："仰以观于天文，俯以察于地理，是故知幽明之故。"天文一词最早就出现于《易经》。那天文一词是什么意思呢？《淮南子·天文训》称："文者象也。"也就是说，在古代，人们已清楚地认识到，天文就是天象，即天空的现象。天空所发生的现象，可以分为两大类：一类是关于日月星辰的现象，即天象；一类是地球大气层内所发生的现象，即气象。古人发现天象也好、气象也罢，它们的变化实在是极其微妙的，很值得地上的人们，尤其是社会和科技还不发达的古人们去效仿、去学习！所以，它们观察星象和气象，用于生产，用于立法。古代的执法者们更是利用"天象"来治理社会。

　　1. 地上的银河和北斗

　　紫禁城——帝王的宫殿，皇帝生活和工作的地方，当然要最大限度地体现出"上天"的意向，所以把玉皇大帝天上的宫殿（天宫）"映像"到地上来，就是皇宫、就是紫禁城。紫，三垣正中之紫薇垣之紫，也就是"紫垣正中"之紫，意为皇宫就是人间的"正中"。"禁"则指皇室所居，尊严无比，严禁侵扰。

　　看看故宫中太和殿的构造，太和殿广场两边的围廊绵延如"天边"，把天际线压得很低，太和殿纯高虽然只有 35.05 米，但它耸立在三层汉白玉石阶上，让人仰视，背衬蓝天白云，宛若天宫（图 1.7）。

图 1.7　在周边建筑的映衬下太和殿宛若"天宫"

　　按照中国古代的天象理论，天上有五宫（东西南北中），中宫居于中间，而中宫又分为三垣（城堡），即上垣太微、中垣紫薇、下垣天市。东西南北则由青龙、白虎、朱雀和玄武构成了"护卫"中宫的二十八星宿（图1.8）。

从紫禁城的布局来看，宫城分前朝、后寝两大部分，前朝分三大殿，为皇帝听政和举行朝会大典之处，后寝二宫是皇帝燕寝之处。

紫薇垣墙由15颗星组成，东边八颗星和西边七颗星围成了一个城垣，整体位于北斗七星的北方，处在天的中心（图1.9），正是天皇大帝居住的地方。

而故宫建造的殿宇中也体现了"北斗七星"的存在。故宫的午门有四座角楼，它们都是四角攒尖的造型，攒尖顶着一个大圆球（图1.10），圆球就代表了一颗星。这种结构分别存在于中和殿、交泰殿和钦安殿。这样四座角楼和三座大殿尖顶的圆球就组成了北斗七星的形状（图1.11）。

有"天宫"紫禁城，则必有"天河（银河）"金水河。流经紫

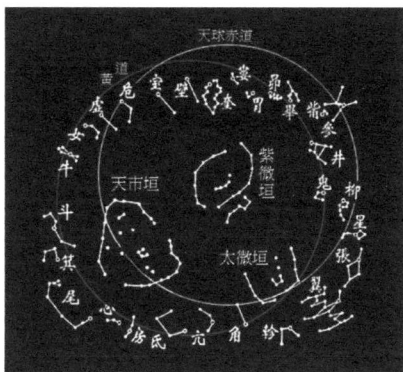

图 1.8　紫禁城犹如天上的"中宫"，由二十八星宿护卫

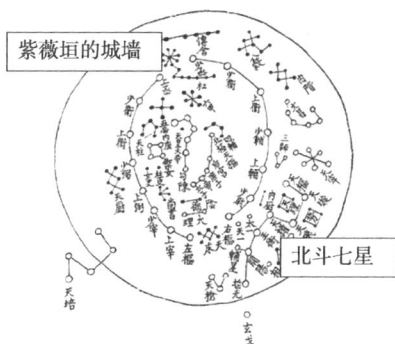

图 1.9　紫薇垣于由15颗星组成的围墙之中，在北斗七星上方

图 1.10　午门的四个角楼

禁城的金水河，从什刹海引水自北水关入城，先北上，复东折而南，总体入城走势由西北而东南。紫禁城内的金水河之水从护城河西北角引入，曲曲弯弯地流经武英殿、大和殿、文渊阁、南三所、东化门等重要建筑和宫门前，既将"生气"导入，又形成风水学中的"水抱"之势（图1.12）。

内金水河则从太和殿正中流过，尤其衬托出了"银河"中的"天宫"（图1.13）。

而太和殿对面的午门所形成的北斗七星的"斗"，更是在银河中烁烁闪耀（图1.14）。

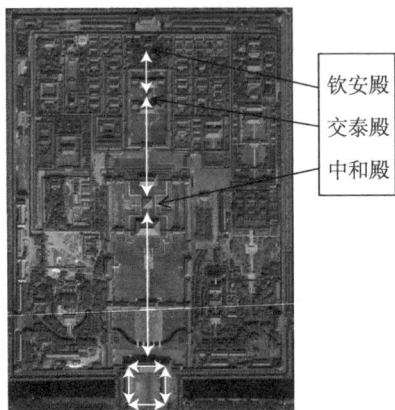

图 1.11　故宫中的北斗七星

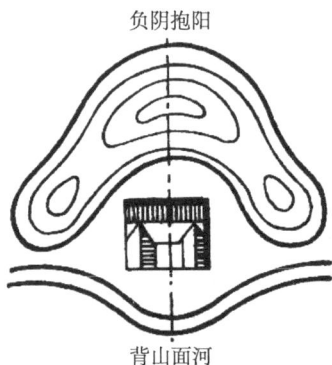

图 1.12　山水相环，阴阳和谐

图 1.13　银河环抱的太和殿天宫

图 1.14　银河倒映下的午门，北斗闪耀

2. 皇家城府里的阴阳五行

中华文明的哲学思想就是阴阳之道，阴阳相交。《易经》说，"立天之道曰阴与阳"。看紫禁城的总体布局，它的中轴线也把北京城分成东西（阴阳）两半，中轴以东属阳，主春、生、文、仁，故有文楼、文华殿、万春亭、仁祥门、崇文门等建筑；以西属阴，主秋、收、武、义，故有武楼、武英殿、千秋亭、遵义门、玄武门等建筑。而且国家中央官署机构也是以中轴为准按阴阳布置的，中轴以东设吏、户、礼、兵、工部及鸿胪寺、钦天监等机构，主文属阳，以西设中、左、右、前、后五军都督府、刑部、太常寺、锦衣卫等机构，主武属阴。明清两代考中文状元在长安左门揭皇榜，考中武状元则在长安右门揭皇榜。

过午门、神武门一条中轴线又将宫城分为东西阴阳二区。东方是太阳升起的地方，为阳、为木、为春，在"生长化收藏"属生，所以宫城的东部布置了"阳"有关的建筑内容。东部某些宫殿是太子所居，文华殿是太子讲学之处，乾隆年间所建的南三所，系皇太子的宫室。西方为阴、为金、为秋，在"生长化收藏"属收，所以宫城的西部布置了与"阴"有关的建筑内容。如皇后、宫妃居住的寿安宫、寿康宫、慈宁宫都布置在西。东居太子，西栖宫妃，男左女右，阳左阴右。皇城东有太庙法阳象天，西设社稷坛法阴象地。天坛在南（属阳），地坛在北（属阴）；天安门在南（属阳），地安门在北（属阴）；乾清宫在南（属阳），坤宁宫在北（属阴）。乾为天，坤为地，故天尊地卑。朝堂之上，文臣列于左，武将位于右，与此相应的文华殿位于左，武英殿位于右。太和殿丹陛上左陈日晷以司天，右置嘉量以司地（图 1.15），前者定天文历法，后者定制度量衡，皆左主天道属阳，右主地道属阴，阴阳相合而成一体。古代建筑大师就是这样把阴阳宇宙观与宗法礼治巧妙地结合起来，规划设计了气势磅礴的皇宫建筑群。

紫禁城由水、火、木、金、土五大元素组成，从方位的角度来看，紫禁城的东、南、西、北、中五方位由建筑的名称、色彩及河水来暗示。北方有一座建筑名玄武门，清代康熙时为避讳改名神武门，二者的意思完全相同。在神武门内有二座建筑（东大房和西大房）它们的房顶均为**黑色**。紫禁城的南方为午门，火的颜

(a)　　　　　　　(b)

图 1.15　太和殿广场上的 (a) 日晷 (b) 嘉量

色为**红色**，故午门以红色为主，建筑高大，以为火旺。午门内的五座石桥，其雕刻为火焰状。紫禁城的西方有金水河和武英殿，武英殿之"武"属阴。紫禁城的东方为太子宫所在地文华殿，故太子宫文华殿和太子居住的南三所的屋顶均用**绿色**瓦。紫禁城的中央有两大建筑群体即前朝后廷，前朝是太和殿、中和殿和保和殿，后廷是乾清宫、交泰殿和坤宁宫。这两大建筑群体建在象征"土"的"土字形玉石台基"上以表示其中央的地位(图 1.16)。中央在五行上属土，土的颜色为**黄色**，黄色是五行中最尊贵的颜色，亦是宇宙的颜色，故这两大建筑群体屋顶均用黄瓦，表示帝王理政的前朝和燕寝的后廷是天下的中心，至尊至大，意味着帝王是"以土德而王"。

北京城的总体设计在遵循《周礼》"前朝后市、左祖右社"的传统布局思想外，也按照阴阳五行的思想进行了实用礼仪的布置，以期达到与天地相融的境地。

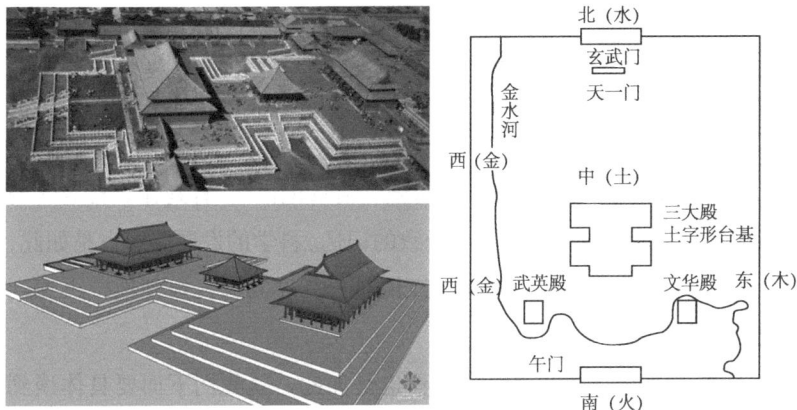

图 1.16 故宫三大殿

天坛、地坛、日坛、月坛，就是按照方位来布局的。天坛是天子祭天的地方，位置在北京城的南端，外城的里侧，建筑形状是圆的，体现了南为天、为乾、为圆、为阳的思想；地坛是天子祭地的地方，它位置在北方，内城的外侧，它的建筑形状是方形的，体现了北方为地、为坤、为方、为阴的思想；日坛在东方，日为阳、为火，月坛在西方，为水、为阴，它们的位置都在城外（图 1.17）。

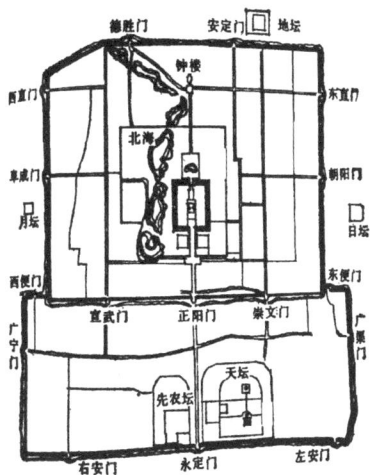

图 1.17 北京城的阴阳五行

北京城、紫禁城是中国本土文化的产物，它是以"天人合一"的思维建造的城市，是中国传统文化的精髓，体现的是宇宙、天地、人文与建筑融为一体。

1.2　天文学是天地人和谐的产物

人类的记忆模式中，有一类叫做"情景记忆"，看到什么特定的场景或事物，大脑中才会产生与之一致的记忆。科学的发展许多也是如此，我们所说的"天人合一"不就可以说是——看到天，想到地，再想到人吗？

天文学取得的许多成就，过程也是如此。就我们下面要具体谈到的事例而言，哥白尼最初的想法不就是感觉天空、宇宙是那么的伟大浩瀚，不可能它的构成会像托勒密的"地心说"那么琐碎复杂，再加上天文观测手段的进步，更精确的天象记录的利用，从而顺理成章地产生了"日心说"。这也可以说是历史进步的必然产物，有了社会的、科学的、现实的基础，在当时哥白尼所处的年代，即使不是他发现总结了"日心说"，也会有"张白尼""李白尼"来完成这一历史使命！爱因斯坦的名言就说，科学的就是简单的，事物总是越简单越美。还有那个"苹果砸中牛顿脑袋"的故事，真的确有其事吗？据说牛顿的姑妈还出面证实，她亲眼看到一个大大的苹果砸中了牛顿的脑袋……其实，我们真的不会在意这件事情的真假，在意的是任何事物都会有一个必然的发生和发展的过程，绝不会凭空出现。

1.2.1　深厚的基础和良好的氛围

哥白尼，伟大的波兰天文学家，"日心说"理论的创始人。许多关于社会和科学发展的论述都会把他看成是一个革命家，一个旧世界的"斗士"。其实，他应该是一个科学家、天才、幸运儿，有着科学家所固有的严谨的工作态度，有着发现事物缺陷和理论不协调的敏锐眼光，受过良好正统的教育，生活无忧，这才使得他有能力、有运气、有时间去改变历史的进程。

哥白尼10岁时父亲就去世了，但是身为教堂主教的舅父收留了他。他18岁进入大学学习文学和天文学，要注意当时天文学的学习内容，几乎是包罗万象的，有几何、代数、占星和天文宇宙学等。当时的哥白尼就对天文学产生了极大的兴趣，而且他的数学成绩很好。大学毕业后，他又去意大利留学10年，那个时期的意大利是文艺复兴（图1.18）的中心，人才济济。

图1.18　文艺复兴

哥白尼在博洛尼亚大学专注于天文学的学习，1497年3月9日记录了他平生第一次天文观测。其后他在罗马教授数学，回国后就被任命为弗洛恩堡教堂的一位教士，拥有这种职位，就可以终生享受充足的生活费，因此，哥白尼事实上过着衣食无忧的优裕生活，并具有充分的自由支配的时间从事天文学的研究。1513年3月31日，他在教堂里建成了一座小型的天文台，并设计了三架天文仪器。

哥白尼数学很好，又有着对天文学的极度热爱。在他留学期间，文艺复兴的"春风"已经促使意大利以及其他国家的许多学者在汲取古希腊思想源泉的基础上，在自由的氛围里对诸多现存的僵化学说和制度提出批评和挑战。在天文学领域，托勒密的地心说就自然而然地成为被批评和挑战的对象。

哥白尼在思想上倾向于毕达哥拉斯学派，信仰柏拉图的完美主义，追求数学、天文学上的简单性和完美性。托勒密体系中由于引入了"对应点"的概念，使得天体不能再进行完美的匀速圆周运动，哥白尼认为体系是"不合格"的，违背了希腊人完美运动的原理，而如果体系（宇宙）的中心不是地球而是太阳，那么对天体运行的描述就**可能会**简单得多。他在他最早的著作《关于天体运动假说的要释》中指出："托勒密的理论，虽然与数值计算相符，但也吸引了不少疑问。的确，这种理论是不充足的……天体既不是沿着载运它的轨道，也不绕着它自身的中心在作等速运动。因此，这样的理论，既不够完善，也不完全合理。"这似乎是说，托勒密的体系对天体位置的预测是有效的，但是它违背了希腊天文学和哲学中完美运动的原理。可见哥白尼是多么推崇毕达哥拉斯，中毒至深！他又说道："我注意到了这一点，于是就常常想，能不能找到这些圆的一种更合理的组合，用它可以解释一切明显的不均匀性，并且如同完美运动原理所要求的，每个运动本身都是均匀的。"由此可见，哥白尼最初的用心只是想到了事物的完美和理论的不协调，并不是真的想要开创一场天文学的革命。后面我们会看到，他的日心理论的提出就是建立在一般性的"公理"之上的。

1.2.2　柏拉图的完美和托勒密的不完备

直觉告诉我们，所有的天体都是围绕着地球旋转，作为宇宙的中心，地球是静止不动的。在不能认识宇宙的古代，人类只能是"坐井观天"地去体会和赞美宇宙。认识宇宙的真面目也只能是无奈地退而求其次了。

Cosmos（宇宙）一词，是由古希腊的数学家毕达哥拉斯创造的，原意为"一个和谐而有规律的体系"。毕达哥拉斯学派认为，天文学的目的，首先是追求宇宙的和谐，而不是狭义地去拟合观测。因此，对于古希腊的科学家来说，科学的目的，是为了揭示宇宙的奥秘。构建模型、解释现象，要比追求实用、迎合世俗的价值观更加重要。在他们的心目中，科学一定是美的，作为宇宙论的一个基本特征，和谐与简单，就是这种美学的最高标准。这种科学观，最终形成了绵延持久的学术传统，对西方科学的发展产生了极为深远的影响。

你可能会问，难道他们不想去实际地观察宇宙、认识宇宙吗？当然想！那是人类一直的梦想。只是手段和认识能力不具备而已！心理学和社会学的研究告诉我们，人对于未可知的东西，更可能产生的情感和思维就是畏惧或者赞美。

所以，当时统治科学界的"大神"柏拉图才会这样描述天体运行所应该采用的轨道：宇宙的本质是和谐的，而和谐的体系应当是绝对完美的，由于圆是最完美的形状，因此，所有天体运动的轨道都应该是圆形的（图1.19）。

按照这种假说，柏拉图提出了一种同心球宇宙模型，在这个模型中，月亮、太阳、水星、金星、火星、木星、土星依次在以地球为中心的固定的球面上作圆周运动。

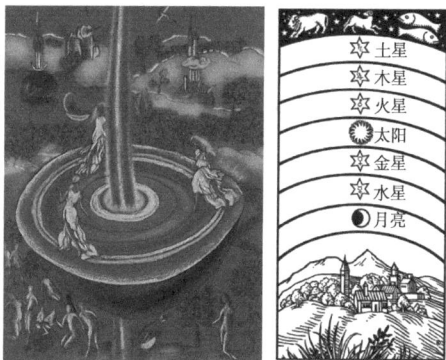

图 1.19　柏拉图的和谐宇宙和天体的完美圆轨道

这个模型提出后，很快就遭到人们的质疑。因为，行星在天空中时而顺行、时而逆行，凭直觉就可以判定，它们的视运动轨迹显然不是一个圆周。对此，柏拉图认为，行星运动所表现出来的这些现象是表面的、个别的，并不能够证明宇宙遵循"和谐"的这个理性主义的美学原则错了。为了对付这些异常现象，他发起了一场所谓的"拯救现象"运动，试图继续用同心球模型的框架来解释行星逆行之类的异常现象。

在"拯救现象"的运动中，涌现出了一位杰出的几何学家，他就是在缓解古希腊第一次数学危机的过程中扮演了重要角色的欧多克斯。在柏拉图同心球理论的基础上，欧多克斯提出了一种新的同心球模型。在这个模型中，日月五星的视运动轨迹，每个都是由一系列的同心球按不同的速度、绕不同的轴旋转而成的。

而古希腊的天文学家发现日月五星运动的不均匀性现象，在欧多克斯的同心球模型中还是不能够反映出来。为了更精确地模拟天体的运动，后来有人对日月五星分别增加了一层天球，使整个模型中同心球的数目达到 34 个，甚至更多……

到了公元前 340 年前后，柏拉图的学生亚里士多德在欧多克斯的同心球理论的基础上，又提出了所谓的水晶球体系（图 1.20）。这个模型修正了柏拉图同心球体系中天体的排列次序，调整了太阳与内行星（水星和金星）的位置，地球之外次第为：月亮、水星、金星、太阳、火星、木星、土星、恒星天。

在亚里士多德的宇宙论中，有两点基本的假设：

第一，地球是宇宙的中心，是绝对静止不动的。为了证明这一点，他举出了两条论据，其一，假设地球是运动的，就会有所谓的"恒星视差"，但是，当时对恒星的观测并没有发现这一点（当时的观测精度无法测量到恒星视差，但它是存在的）；其二，假设地球是运动的，从高处坠落下来的物体就不应该是它的垂直的投影点。

第二，天体运动必须符合统一的圆周运动（uniform circular motion）。这一条，在欧多克斯的同心球模型提出来后，基本上可以确立了。

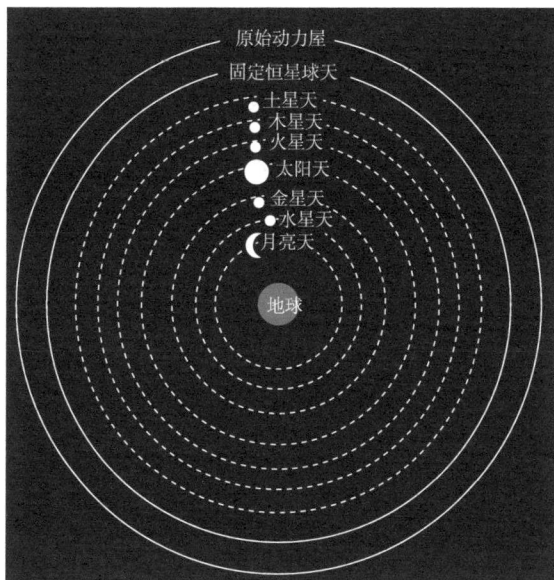

图 1.20　水晶球体系

　　按照欧多克斯的同心球模型，可以比较好地解释日月运行的快慢，以及行星的顺行、逆行等现象，虽然复杂一些，但是不失"和谐"，可以说是一个很"完美"的宇宙模型。可是，不久人们便发现，行星（特别是金星、火星）的亮度会发生周期性的变化，而对于这个现象，欧多克斯的同心球模型却无法解释，因为按照同心球理论，行星到地球的距离始终是一样的，不应该产生亮度的变化。

　　那么，行星的亮度为什么会发生变化呢？这个问题成为亚里士多德之后的一些学者关注的焦点。

　　以研究圆锥曲线著称的阿波隆尼认为，行星并不是直接绕地球作圆周运动，因此，行星与地球的距离并不总是相等的，有时远，有时近。当行星离地球较远的时候，看起来较暗，当行星离地球较近的时候，看起来较亮。

为了说明他的想法，阿波隆尼提出了最早的"本轮－均轮"模型（图1.21）。在这个模型中，行星 P 本身绕空间中的一个点 C 作圆周运动，这个圆被称为"本轮"。本轮的圆心 C 则绕地球作圆周运动，这个圆被称为"均轮"。这两个圆周运动的合成，所画出的轨迹，就是我们看到的行星运行的真实路径。

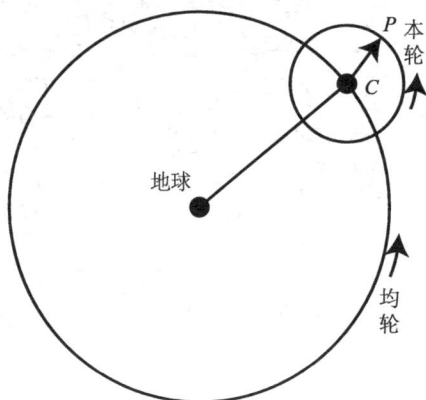

图 1.21 行星的"本轮－均轮"模型

在亚里士多德之后的近 500 年中，古希腊的数理天文学基本上只重视对宇宙模型的构建与修改，并不太关心这些宇宙模型对具体的天体运动的计算精度。实际上，各种模型的提出和改进，都是为了提高它的解释功能，所以在很大程度上，忽视了计算上的精度。因此，这些模型，虽然可以很简明地演示天体的运动，但是，都不具备历法意义上和计算天体运行工作中的实用性。

这种状况，在公元 150 年，被伟大的天文学家托勒密进行了根本性的改变，这一年，他出版了一部数理天文学著作《天文学大成》。托勒密仔细地研究了前人的成果，特别是阿波隆尼的本轮－均轮模型与希帕恰斯的偏心圆模型，在这两种模型的基础上，托勒密构造了一种新的本轮－均轮模型。利用这个模型所建立的计算方法，是与当时的天文观测相当吻合的。

　　托勒密模型中最重要的创造，是提出了一种叫"对应点"的概念
（图 1.22）。根据阿波隆尼的本轮 – 均轮模型，行星 P 在本轮上绕圆心
C 作匀速圆周运动。与阿波隆尼不同，托勒密将均轮设计为一个偏心
圆，以圆心 O 为中心，选择与地球 E 相对称的点 E'，称之为"对应点"。
本轮的圆心 C 绕对应点 E' 作匀角速度运动。托勒密的体系中 C 点 P 点
没有改变，只是在地球的所在处增加了"对应点"的设置，这样就能
满足行星的圆周运动。

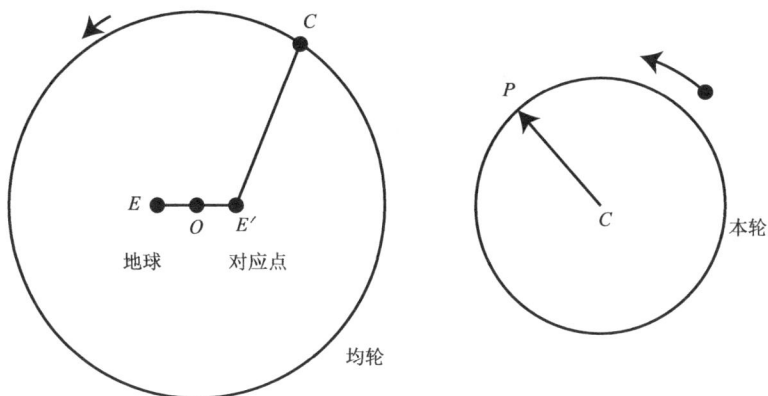

图 1.22　对应点

　　虽然，托勒密的模型在实际应用上，远远高于以前的所有模型，
但是，它存在着一个致命的弱点，那就是，本轮的圆心 C 围绕着对应
点 E' 作角速度均匀的运动，而不是绕均轮的圆心 O 作线速度均匀的
运动。因此，这个模型违背了亚里士多德宇宙论中的基本要求——统
一的圆周运动（uniform circular motion）。

1.2.3　哥白尼的日心体系

我们前面提到，哥白尼日心理论（图1.23）的提出是建立在一般性的"公理"之上的。他当时这样讲："当我致力于这个无疑是很困难的而且几乎是无法解决的课题之后，我终于想到了只要能符合某些我们称之为公理的要求，就可以用比以前少的天球和更简单的组合来做到这一点。"

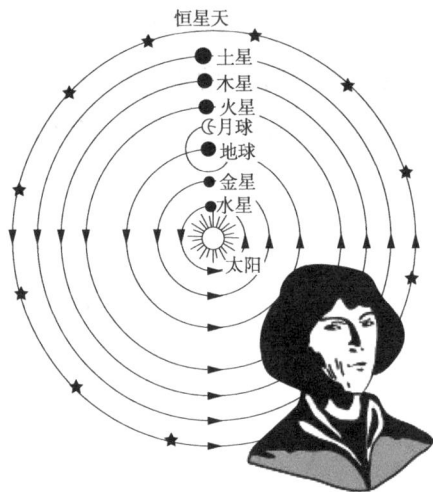

他所说的公理有七条：

第一条：对所有的天体轨道或天球，不存在一个共同的中心。

第二条：地球的中心不是宇宙的中心，而是重力中心和月球轨道的中心。

图1.23　哥白尼和他的日心说

第三条：所有的天体都围绕太阳旋转，太阳俨然是在一切的中央，于是宇宙的中心是在太阳的附近。

第四条：日地距离和天穹高度的比小于地球半径和日地距离的比。因此，与天穹高度比起来，日地距离就是微不足道的了。

第五条：天穹上出现的任何运动，不是天穹本身产生的，而是由于地球的运动。正是地球带动着周围的物质绕其不动的极点作周日运动，而天穹和最高的天球始终是不动的。

第六条：我们看到的太阳的各种运动，不是它本身所固有的，而是属于地球和其所在的天球。就像任何别的行星一样，地球和其所在的天球一起绕着太阳运动。这样，地球就具有几种运动了。

第七条：行星的视运动和逆行，不是它们在运动，而是由于地球在运动。因此，只要用地球运动这一点就足以解释天上见到的许多种不均匀性了。

根据哥白尼的理论，"只要用地球运动这一点就足以解释天上见到的许多种不均匀性了"，因此，托勒密地心说中无法解释的诸多现象，在日心说看来都是可以迎刃而解的，这是日心说得以提出的最重要的原因。

实际上在公元前 3 世纪，希腊学者阿里斯塔克就提出，太阳处于宇宙的中心，地球围绕着太阳旋转，由于他首次提出了日心说，因而被称为"古代的哥白尼"。哥白尼在托勒密学说的基础上，继承了阿里斯塔克的日心说主张，提出了崭新的日心说理论。哥白尼认为：地球是球形的，因此它的自转与公转运动也应当是圆周运动。

1.2.4　完善日心体系的功臣们

1543 年哥白尼的《天体运行论》出版了，在科学界，它和达尔文的《物种起源》以及牛顿的《自然哲学的数学原理》并称为奠基性的三大著作。《天体运行论》的出版，在天文学领域标志着柏拉图对行星进行"完美"几何描述的结束，促使科学家们开始研究行星运动学的问题，更进一步，自然也就产生了行星动力学方面问题的思考，也就是说，是什么原因使得行星特别是地球运动起来的？

在回答这些问题的过程中出现了四个关键人物：第一个是第谷，他的主要贡献在于给出了精确和完备的观测；第二个是开普勒，他将天文学从几何学的应用转换成了物理动力学的一支；第三个是伽利略，他利用望远镜揭示了天体隐藏着的真相，并发展了运动的新概念，巩固了哥白尼的主张；第四个是笛卡儿，他构想了一个无限的宇宙，在这个宇宙里没有什么位置和方向是特殊的，太阳只不过是一颗区域性的恒星而已。

1. "前无古人后无来者"的第谷

第谷，一位伟大的观测天文学大师。通过一系列的革新和精心的设计，他的仪器的观测精度可以控制在1弧分之内，几乎达到了天文目视观测的极限，真正是前无古人。说他后无来者，是因为在他之后的天文学家基本上都不再利用目视观测了。借助于这些精良的天文仪器（图1.24），他不仅对恒星位置进行了重新测量、系统测量了太阳运动的各主要参数、修正了大气折射的数值，而且发现了月球运动的一种不均匀性。更重要的是，他为行星运动的研究积累了大量的精密观测数据。

第谷出生于丹麦一个地位显赫的世袭贵族家庭，12岁进入哥本哈根大学学习法律和其他学科，其间他对天文学产生了极大兴趣。通过对1560年8月21日日食的观测，年仅13岁的第谷对日食能够预报这一点留下了极深的印象，同时也从预报存在的巨大误差（1天）中意识到，要想获得更加精确的预报就必须有更加精确的天文观测。

图1.24 第谷的"私人"天文台——星堡

1572年11月11日晚上，第谷在仙后座发现了一颗"比金星还要亮"的"新星"（图1.25（a））。他利用自己制作的四分仪开展了系统观测，发现这颗"新星"的位置相对于恒星背景没有任何变动，根本不是大气层内的变化，而是位于天界，甚至比五大行星的距离更远，这与亚里士多德关于天界永恒的观点完全相反。他请其他人一起来见证自己

的发现，并发明"新星"（Stella Nova）一词来描述这颗新发现的天界
物体。次年他在哥本哈根出版了《论新星》（*De nova stella*）一书，由
此名声大振，并彻底走上了职业天文学家的道路。当然，反对他的保
守派人也很多，对于这些人第谷在这本书中给出了明确的批判和讥讽：
"O crassa ingenia. O caecos coeli spectators."——"哦，那一窍不通的才智；
哦，那些观天的睁眼瞎。"

1577 年 11 月到次年 1 月他对大彗星的详细观测，包括对其距离
以及彗尾（图 1.25（b））的直径、质量和长度的测算，发现彗尾总是
指向远离太阳方向的规律。通过观测，第谷认为该彗星远远位于月球
天层以上。这一结果不仅再次对亚里士多德的天界永恒观提出了挑战，
而且对第谷的宇宙学思想产生了更加重要的影响。

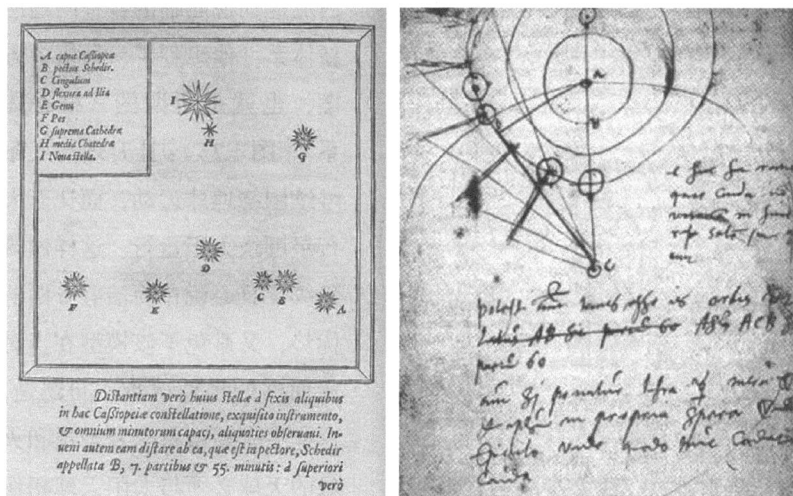

(a)   (b)

图 1.25　第谷观测记录的 1572 年超新星（a）和他计算的大彗星的基本
　　　　数据（b）

在宇宙模型方面，第谷是一个"折中"主义者。他遵循天体作匀

速圆周运动这一最高法则，赞赏哥白尼对托勒密"对应点"模型的抛弃。但是，出于天文学和物理学两方面的原因，他不接受日心地动说。在他看来，哥白尼不光没有令人信服地解决地球的自转会造成"抛体悖论"问题，而且靠无限增大恒星天球半径的办法不但不能解决"视差悖论"问题，反倒会出现更加荒谬的结果。例如，如果假定恒星的周年视差为 1 弧分，那么，从土星到恒星天球的距离就要增大 700 倍。在这种情况下，光是一颗视半径为 1 弧分的 3 等恒星，其半径将相当于地球轨道的大小；而那些视半径更大的恒星将会比这更大。另外，他认为地球是一个沉重而充满惰性的物体，不会像哥白尼所认为的那样运动。而且他也认为，地动说根本违背了《圣经》上关于地球静止的说法。

第谷想建立一个既没有托勒密体系的"对应点"问题，又没有哥白尼地动说面临的各种问题的新体系，他想到了一种折中方案，也就是所谓的"第谷体系"（图 1.26）：让月球与太阳继续围绕地球运动，而让五大行星围绕太阳运行。这样做既延续了日心说在简洁等方面的优势，又避免了该模型在当时所面临的种种诘难。问题是，这样一个模型意味着水星和火星的天球必须与太阳天球相切割。如果承认固体天球的存

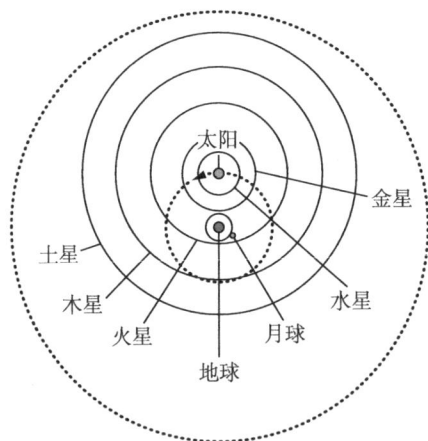

图 1.26 第谷的宇宙模型

在，则这种体系在物理上是不可能的。然而，1577 年出现的这颗彗星让第谷走出了困扰。因为，他的观测表明，这颗彗星实际上是自由地穿行于天球之间的：古人所认为的固体天球根本就不存在，大气层并

非只到月球天，而是一直延续到所谓的"天界"。这层窗户纸一旦捅破，第谷立即在 1588 年出版的《论天界新现象》中公布了自己的宇宙模型。

哥白尼理论的最大问题是它和实际观测不符！如果地球是在运动的话，理论上我们就会见到恒星在天空中的位置在产生微小的变动，这叫做恒星的周年视差。第谷也好，伽利略也好，都没能观测到这个现象。当然，这不能怪第谷，因为恒星离我们是如此遥远，它的视差不要说用肉眼，哪怕是望远镜发明后的整整两百年内，都没有被最终发现。可站在第谷当年的立场上，这无疑是日心说的一个反证。

更何况，从日心说推算出来的星表，其精度根本不能和第谷本人的相提并论。客观地说，从当年的情况来看，并没有特别值得倾向于哥白尼体系的理由。之后布鲁诺捍卫日心说观点，结果被教廷判决烧死。但布鲁诺的用意并不在于坚持一种科学革命，相反，历史学家认为他的目的很可能是出于对一种古老宗教体系的恢复。这种被称为赫尔墨斯主义的思想充满了巫术色彩，崇拜太阳，而日心说正好与该教义暗合。我们今天说布鲁诺是"为了科学而献身"，这种说法其实存在着很大的争议。

而开普勒、伽利略对日心说的信奉，可以称之为眼光独到，同时也具有一定的科学证据。

2. 开普勒创造了太阳系真正的完美

和哥白尼、第谷两人不同，开普勒出身贫寒，还是个早产儿。更不幸的是由于 3 岁时被传染了天花，不仅损坏了面容，还使得他一只手半残，视力也受到损害。也可能正是由于处世的艰难，才有了他追求科学真理、天体运动的真相的坚强意志。开普勒对天文学的贡献完全可以和哥白尼相媲美。而作为一个科学家，他升华自然现象到科学本质的能力，更是要超过他的"老师"加同事——第谷！

开普勒虽然家境不好，但他还是走完了自己的受教育之路。当然他最初接受教育的动力是为了摆脱贫困，所以，他在 1587 年 17 岁时进入图宾根大学神学院。在进神学院以前，开普勒对天文学并没有多大兴趣，他热衷的是神学，希望日后能当一名牧师，为上帝传播福音。是他的老师和当时流行的日心说引起了他对天文学的兴趣。

1596 年，开普勒发表了他的第一本著作《宇宙的奥秘》。并把书寄给了当时天文界的领袖人物第谷，几次通信之后，他们就感觉到了彼此的"惺惺相惜"。已经身在布拉格的第谷就邀请开普勒来共同工作。他在信中写道："来吧，作为朋友而不是客人，和我用我的一切一起观察。"

第谷去世后，将他的所有观测资料留给了开普勒。当开普勒用第谷的观测资料研究火星的运动时，发现火星如果真是作圆周运动的话，那就与第谷的观测资料有 8 分的误差。对一般的观测结果来说，这是一个能够被接受的误差，但开普勒认为对第谷来说，这是一个不能允许的误差，他心里很清楚，第谷的实测误差绝对不会超过 2 分！

这时，开普勒以非凡的创造性精神大胆扬弃了一些不符合观测的传统观念。火星的运动轨道偏离圆轨道已经比较明显，与哥白尼认为行星运动一定是圆周运动的观点矛盾。但开普勒既没有因此怀疑日心说，也没有怀疑第谷的观测资料，而是认为哥白尼日心说里延续自柏拉图的完美的"圆周运动"值得怀疑。于是，开普勒摈弃火星运动轨道是圆周的假说，把它视为卵形。他对火星轨道试验了多种类似卵圆的曲线，花了 3 年时间才最终确定火星的轨道实际上是椭圆。而且发现火星椭圆运动轨道的猜想与观测资料非常一致。经过进一步的研究证明，不仅仅是火星，而且所有行星运动的轨道都是椭圆，太阳在椭圆的一个焦点上（图 1.27）。这就是开普勒的行星运动第一定律。

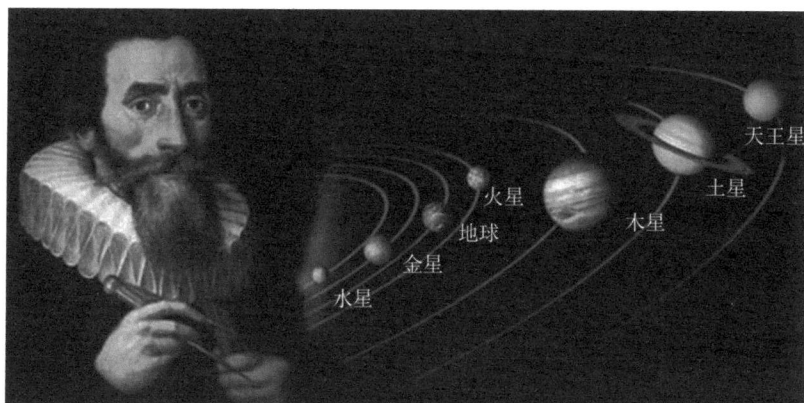

图 1.27　开普勒——行星运动的"总指挥"

在确定行星沿椭圆轨道运动后，开普勒迫切想了解："为什么行星偏爱椭圆运动？行星运动的原因是什么？"这促使他又证实，行星在椭圆轨道上，当离太阳近时行星运动快，离太阳远时行星运动慢。这样，开普勒又抛弃了星体作神圣的匀速运动的理论。去计算、找寻行星运动在椭圆轨道上所遵循的规律。这个规律就是开普勒第二定律：太阳到行星的矢径在相等的时间内扫过相等的面积。

由于开普勒坚定宇宙有一种内在的和谐存在于各行星之间的运动，在之后的十年里，他又不知疲倦地继续观察行星运动和分析第谷的观察资料。1618 年 5 月，开普勒终于发现了行星运动第三定律：各个行星运动周期的平方与各自离太阳的平均距离的立方成正比。

可以说，开普勒既完善了哥白尼的学说，又破坏了哥白尼的学说。哥白尼所寻求的满足几何简单性要求的行星系统，开普勒用一种圆锥曲线就解决了，把那些复杂的本轮、偏心轮统统淹没在椭圆的简单性之中；而开普勒对于火星研究总结出的行星定律，又把哥白尼一直推崇的完美的"几何天文学"引导到了物理学的一个分支。而开普勒行星定律更是奠定了牛顿力学及天体力学的基础。

但是，开普勒定律当时只是停留在理论上的精彩，还缺乏实际的考证。最初第谷邀请开普勒一起工作的原因之一，就是完成《鲁道夫星表》，开普勒最终也完成了这份任务，而正是这个基于第谷的观察和开普勒的理论的星表的精确性，证明了开普勒行星定律的正确。相比以往的星表，利用《鲁道夫星表》观测 1631 年的水星凌日现象时，精度是其他观测的十倍！

3. 伽利略的天文望远镜和运动新定义

伽利略，意大利物理学家、天文学家和哲学家，近代实验科学的先驱者。其成就包括改进望远镜和其所带来的天文观测，以及支持哥白尼的日心说。当时，人们争相传颂："哥伦布发现了新大陆，伽利略发现了新宇宙。"可见他的伟大程度，有一种说法，伽利略去世的那一年，牛顿出生（图 1.28）。

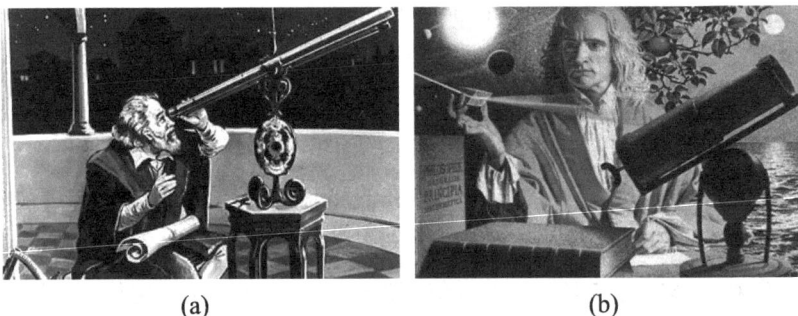

(a)   (b)

图 1.28 （a）伽利略制造了第一台折射式天文望远镜；（b）牛顿制造了第一台反射式天文望远镜

1564 年 2 月 15 日伽利略出生于意大利西部海岸的比萨城，出身于没落的名门贵族家庭。父亲是一位音乐家，精通希腊文和拉丁文，对数学也颇有造诣。因此，伽利略从小受到了良好的家庭教育。

伽利略在 12 岁时，进入佛罗伦萨附近的瓦洛姆布洛萨修道院，接受古典教育。17 岁时，他进入比萨大学学医，同时潜心钻研物理学和数学。由于家庭经济困难，伽利略没有拿到毕业证书便离开了比萨大学。在艰苦的环境下，他仍坚持科学研究，攻读了欧几里得和阿基米德的许多著作，做了许多实验，并发表了许多有影响的论文，从而受到了当时学术界的高度重视，被誉为"当代的阿基米德"。

伽利略在 25 岁时被比萨大学聘请为数学教授。两年后，伽利略因为著名的比萨斜塔实验，触怒了教会，失去这份工作。伽利略离开比萨大学后，于 1592 年去威尼斯的帕多瓦大学任教，一直到 1610 年。这一段时期是伽利略从事科学研究的黄金时期。在这里，他在力学、天文学等各方面都取得了累累硕果。

伽利略的研究在两个层面上对哥白尼学说起到了支撑的作用。第一个是他通过望远镜的天文发现，从事实上证明了哥白尼的学说；第二个层面是他关于运动的重新评价，反驳了对地动说的经典驳难，从物理上支持了哥白尼。

1609 年他听说荷兰人发明了望远镜之后，正处于创造能力顶峰的他，马上想到了利用望远镜观测天体的可能性，立即动手制作并投入观测。他说道："同肉眼所见相比，它们几乎大了一千倍，而距离只有三十分之一。"他看见了月球表面的"坑"，知道了天体并非像希腊人描述的那么完美；他看到了比肉眼观察要多得多的恒星，而它们并不像行星一样视圆面会被放大，说明它们距离地球很远很远……真的可能像第谷驳斥哥白尼时所说的那样，恒星比原来的位置要远了 700 多倍，甚至更多，这对哥白尼当然是好消息。

1610 年，当他把望远镜指向木星时，发现木星位于三颗小星星的中间，而这三颗小星星令人惊奇地排成了一条直线。那天是 1 月 7 日，而他在 1 月 13 日再度观察它们时，小星星已经不是三颗，而是四颗，而且从它们的位置变化判断，它们是在围绕着木星公转。就像行星围绕着太阳，月亮围绕着地球一样。四颗卫星可以围绕着木星（公）转，如果是这样,那哥白尼构想的行星体系当然也就可以围绕着太阳(公)转啦。这一事实,还支持了哥白尼提出的宇宙没有唯一的绕转中心的猜想。

哥白尼的地动学说还曾经面临这样的驳难:如果说地球在自转的同时还在绕日公转,为什么我们完全感觉不到这种运动?一支箭垂直射向空中,为什么又落回到原地?因为按照亚里士多德的论证,地面上的物体除了寻找其固有位置的自然运动之外,别的运动都需要外力。如果地面从西往东在移动,那么垂直落下的箭因为没有横向的作用力,势必要落到偏向西面的地方。然而事实并非如此,所以地球在箭飞行的时间内是没有移动的。

面对这一驳难,伽利略采取了釜底抽薪的策略,也就是重新评价(定义)运动的概念。对亚里士多德来说,非自然运动的强迫运动需要一个原因,因此需要一个解释;而静止是不需要原因的。伽利略关于运动的观点告诉我们:并不是运动本身需要原因,而是运动的变化需要原因。稳定的运动包括静止这种特例是一种状态(惯性),保持这种状态会感觉不到运动。这就是为什么地球上的人在地球绕太阳旋转的时候感觉不到自己的运动(速度)的原因。

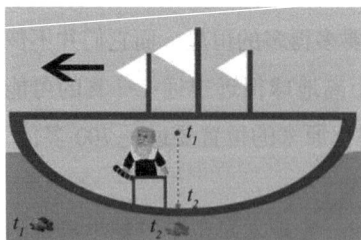

图 1.29　伽利略的大船实验

伽利略的那个大船的故事我们都听过很多遍了,现在我们从图上来看看他是如何描述的(图 1.29):"把你和一些朋友关在一条大船下的主舱里,再让你们带几只苍蝇、蝴蝶和其他小飞虫。舱内放一只大水碗,其中放几条鱼;然后挂上一个水瓶,让水一滴一滴地滴到下面的一个宽口罐子里。船停着不动时,你留神观察,小虫都可以等速向舱内各个方向飞行,鱼向各个方向随便游动，水滴滴进下面的罐子中。你把任何东西扔给你的朋友时，只要距离相等，向这一方向不必比另一方向用更多的力，你双脚齐跳，无论向哪个方向跳过的距离都相等。当你仔细地观察这些事情后（虽然当船停止时，事情无疑是这样发生的），再使船以任何速度前进，只要运动是匀速的，也不忽左忽右地摇摆，你将发现，所有上述现象丝毫没有变化，你也无法从其中任何一个现象来确定，船是在运动还是停着不动。"

这就是当前物理学课本中的"伽利略相对性原理"，大约三百年之后爱因斯坦的相对论论证了，这一原理也适用于任何封闭系统的电磁现象。而在当时，这一实验结论，无疑地起到了论证地球运动立碑存证的效果。

4. 超脱了所有人的笛卡儿

笛卡儿，因为笛卡儿坐标系，很多人会想他是一名数学家，其实他可以说是一名物理学家、天文学家，他建立的无限宇宙的涡旋模型几乎统治了整个 17 世纪，直到牛顿万有引力定律的提出。也许有些人愿意把他看成哲学家，你会想起他著名的"心形曲线"（图 1.30）。好吧，我们就顺便提一下他的两句名言：

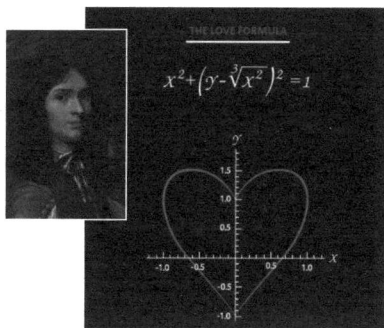

THE LOVE FORMULA

$$x^2 + \left(y - \sqrt[3]{x^2}\right)^2 = 1$$

图 1.30　笛卡儿和他的"心形曲线"

我思故我在！

所有的好书，读起来就像同过去世界上最杰出的人们谈话！

笛卡儿的确是一个天才，他提出坐标系的概念，对光学也有研究，还特别研究了碰撞运动，提出运动中总动量守恒的思想，被认为是动量守恒的雏形。他最重要的贡献是打破了依旧禁锢在哥白尼、开普勒和伽利略脑袋里的有限宇宙的概念，提出了无限宇宙的思维。他认为宇宙是一个充满物质的空间，空间的物质运动形成了无数的旋涡。他提出，我们的太阳系就处于这样一个旋涡中，这个旋涡如此之巨大，以至于整个土星轨道相对于整个旋涡来说只不过是一个点。笛卡儿的涡旋宇宙理论是第一个取代固态不变的水晶球模型的宇宙学说，为人们指出了宇宙的可变性和无限性，开拓了人类科学的视野。

1.3　"天人合一"的思维影响着人类的历史

夜观天象、占星术、天人合一，从古至今人们为什么那么关心"天上的"事情呢？一方面，只能依赖原始力、原始能源、原始工具的原始人，没有任何可供依据的生活技能和生存本领，而每天高高在上的天空，似乎是那么变幻莫测，应该在隐约地告诉我们什么；另一方面，科学的本质，实际上就是对大自然规律的了解和掌握，以及加以利用，人类最早知晓并掌握、利用的大自然规律，应该就来自"天上"。白天黑夜、暑去寒来，这些都带给人类最真切的体验；来来往往、外出又归来，人们要有目标、参照物，要明了方向。这一切都来自大自然，来自上天，来自人类天人合一的思维。

1.3.1　天亮天黑说说"日"

不管你是否知晓天文学知识，如果有人问你，在表达时间的词汇中，比如，年、月、日，人类最早掌握其规律的是哪个？你一定会回答——日。是呀，天黑了又亮了，天亮了又黑了，人们逐渐地掌握了大自然、老天的变化规律，就出现了"日"的概念；然后是看月亮有了"月"，看太阳有了"年"。

1. 看"日头"说时辰

你一大清早（图1.31）的就起来遛弯啦？

大晌午的，怎么你跟这儿晒着呢？

看见这样的词语，你一定明白，这是北京人之间的"问候语"。很亲切，而且关于时间还是一语中的。大清早，清曰清静；早，在说文解字中是这样说的：

图1.31　清晨，太阳初升，一天开始了

早，晨也。从日在甲上。"甲"的最早写法像"十"，指皮开裂，或东西破裂。"早"即天将破晓，太阳冲破黑暗而裂开涌出之意。早晨，大地清静，太阳带来阳气，当然要去遛弯啦！

晌午就更明白啦！晌，指一段时间（俗语——歇晌）；午，正午，中午。太阳正高，这一段时候你肯定会被晒得很惨呀！

类似"大清早""晌午"，我国古代制定和沿用了自成体系的计时法。常见的主要是天色法与地支法两种，夜里由于不能观察天色，所以就采用守漏、击鼓报时（更）的方法，称之为记夜法，属于天色法的延续。

一般地说，日出时可称旦、早、朝、晨，日入时称夕、暮、晚。太阳正中时叫日中、正午、亭午，将近日中时叫隅中，偏西时叫昃、日昳。日入后是黄昏，黄昏后是人定，人定后是夜半（或叫夜分），夜半后是鸡鸣，鸡鸣后是昧旦、平明——也就是说天已亮了。古人一天两餐，上餐在日出后隅中前，这段时间就叫食时或早食；晚餐在日昃后日入前，这段时间叫晡时。这些就是天色法的基础了。

天色法早在西周时就已采用。

殷周时的 12 段计时：

白天：夙、旦、明（大采）、占、食日（大食）、日中、昃、小食、小采（上半段）；

夜间：小采（下半段）、会、（木＋凡）、夕。

殷周时后来也采用 16 段计时：

白天：夙、旦、朝（大采）、占、食日（大食）、日中、昃、郭兮（郭）、小食、萌小采、莫

夜间：会、昏、（木＋凡）、夕、寤。

秦代 16 段计时：夙、平旦、日出、食时、朝（大采）、莫食、东中、日中、西中、日昳、晡时、下市、黄昏、人定、夜半、鸡鸣。

汉代命名为：夜半、鸡鸣、平旦、日出、食时、隅中、日中、日昳、晡时、日入、黄昏、人定。

秦末汉初，人们将天象（太阳）与更靠近人类的动物（十二生肖图 1.32）的活动结合起来，开始用十二地支来表示时间（时辰，现今的两个小时等于一个时辰），以夜半二十三点至一点为子时，一至三点为丑时，三至五点为寅时，依次递推。

图 1.32　用十二种动物来表示一天的十二个时辰

子时夜半（鼠，鼠在这时间最活跃），又名子夜、中夜，十二时辰的第一个

时辰（23时至01时）。

丑时鸡鸣（牛，牛在这时候吃完草，准备耕田），又名荒鸡，十二时辰的第二个时辰（01时至03时）。

寅时平旦（虎，老虎在此时最猛），又称黎明、早晨、日旦等，此时是夜与日的交替之际（03时至05时）。

卯时日出（兔，月亮又称玉兔，在这段时间还在天上），又名日始、破晓、旭日等，指太阳刚刚露脸，冉冉初升的那段时间（05时至07时）。

辰时食时（龙，相传这是"群龙行雨"的时候），又名早食等，古人"早食"之时也就是吃早饭的时间（07时至09时）。

巳时隅中（蛇，在这时候隐蔽在草丛中），又名日禺等，临近中午的时候称为隅中（09时至11时）。

午时日中（马，这时候太阳最猛烈，相传这时阳气达到极限，阴气将会产生，而马是阴类动物），又名日正、中午等（11时至13时）。

未时日昳（羊，羊在这段时间吃草），又名日跌、日央等，太阳偏西为日昳（13时至15时）。

申时晡时（猴，猴子喜欢在这时候啼叫），又名日铺、夕食等（15时至17时）。

酉时日入（鸡，鸡于傍晚开始归巢），又名日落、日沉、傍晚，意为太阳落山的时候（17时至19时）。

戌时黄昏（狗，狗开始守门口），又名日夕、日暮、日晚等，此时太阳已落山，天将黑未黑。天地昏黄，万物朦胧，故称黄昏（19时至21时）。

亥时人定(猪，夜深时分猪正在熟睡)，又名定昏等，此时夜色已深，人们已经停止活动，安歇睡眠了。人定也就是人静（21时至23时）。

按照我国的哲学思维和宇宙观，天地（阴阳）相合达成五行（金木水火土）而形成万物。所以，一天内的气象也匹配了它们的五行属性。如早晨因太阳出来而植物启动了生长，所以这时辰别名为"木"。到了中午太阳最旺盛，空气中、土地里灼热，所以这时辰别名为"火、金"和"火、土"。下午5点到7点最干燥，果实糖分最充足，这时辰别名为"金"。到了深夜12点，环境一切冷静，这时辰别名为"水"。

地支计时，每个时辰恰好等于现在的两个小时，后世（清代）又把每个时辰分为先"初"后"正"，使十二时辰变成了二十四段。现时每昼夜为二十四小时，在古时则为十二个时辰。当年西方机械钟表传入中国时，人们将中西时点，分别称为"大时"和"小时"。随着钟表的普及，人们将"大时"淡忘，而"小时"沿用至今。

古人说时间，白天与黑夜还有不同，白天说"钟"，黑夜说"更"或"鼓"。又有"晨钟暮鼓"之说，古时城镇多设钟鼓楼，晨起（辰时，今之七点）撞钟报时，所以白天说"几点钟"；暮起（酉时，今之十九点）击鼓报时，故夜晚又说是几鼓天。夜晚说时间也可以用"更"的，这是由于巡夜人，边巡行边打击梆子，以点数报时。全夜分五个更，第三更是子时，所以又有"三更半夜"之说。时以下的计量单位为"刻"，一个时辰分作八刻，每刻等于现时的十五分钟。旧小说有"午时三刻开斩"之说，意即，在午时三刻钟（差十五分钟到正午）时开刀问斩（图1.33），此时阳气最盛，可让阴气即时消散，那些罪大恶极的犯人，聚拢不起"阴气"，应该"连鬼都不得做"，以示严惩。皇城的午门阳气最盛，所以皇帝令推出午门斩首者，不计时间，也无鬼做。

图1.33　犯人被砍头

刻以下为"字"，关于"字"，我国有些地区的人会说："下午三点

十个字"，其意即"十五点五十分"。"字"，是"漏表"上两刻（度）
之间的时间间隔。字以下又用细如麦芒的线条来划分，叫做"秒（不
同于现在的秒）"；秒字由"禾"与"少"合成，禾指麦禾，少指细小
的芒。秒以下无法划，只能说"细如蜘蛛丝"来说明，叫做"忽"；如"忽然"
一词，忽指极短时间，然指变，合在一起意即在极短时间内有了转变。

《摩诃僧只律》卷十七中即有这样的记载："一刹那者为一念，
二十念为一瞬，二十瞬为一弹指，二十弹指为一罗豫，二十罗豫为一
须臾，三十须臾为一昼夜。"

民间也有用"一炷香""一盏茶"来计时的。一般认为一盏茶有 10
分钟，一炷香有 5 分钟左右。许多词语也可以用来表示时间，时间不
大叫做"旋"，"俄尔"表示忽然间。"俄顷""倾之"是一会儿，"食顷"
功夫吃顿饭。"斯须""倏忽"和"须臾"都表示瞬间，"少顷""未几"
和"逾时"，也是指片刻短时间。

2. 计时工具

"日出而作，日落而息"（图 1.34）。这样看来我们的祖先把太阳作
为最早的"计时器"。

图 1.34　日出而作，日落而息

不误农时是农业社会的基本准则，"悬象著明，莫大于日月"，每
天出没的太阳就成了人们最早的时间标记物。同时人们观察到阳光下

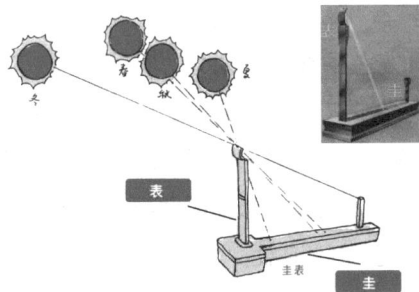

图 1.35 圭表

树影、房影的移动，就衍生出了"立竿见影"。一寸光阴一寸金，光阴怎么可以度量呢，不能，但影子可以！

人类最早使用的计时仪器就是利用太阳的射影长短和方向来判断时间的。前者称为圭表（图 1.35），用来测量日中时间、定四季和辨方位；后者称为日晷（图 1.36），用来测量时间。二者统称为太阳钟。

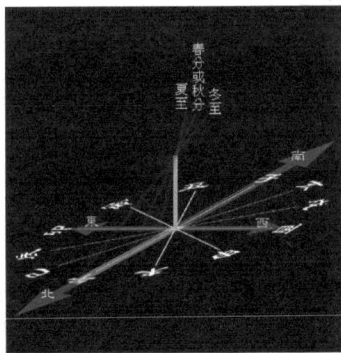

图 1.36 日晷

太阳钟在阴天或夜间就失去效用。为此人们又发明了漏壶和沙漏、油灯钟和蜡烛钟等计时仪器。我国古代应用机械原理设计的计时器主要有两大类，一类利用流体力学计时，有刻漏和后来出现的沙漏；一类采用机械传动结构计时，有浑天仪、水运仪象台等。

圭表，由"圭"和"表"两个部件组成。直立于平地上测日影的标杆和石柱，叫做表；正南正北方向平放的测定表影长度的刻板，叫做圭。在不同季节，太阳的出没方位和正午高度不同，并有周期变化的规律。于露天将圭平置于表北面，根据圭上的表影，测量、比较和标定日影的周日、周年变化，可以定方向、测时间、求出周年常数、划分季节和制定历法。所以圭表测影是中国古代天文学的主要观测手段之一。

日晷，又称"日规"，其原理就是利用太阳投射的影子来测定并划分时刻。日晷通常由铜制的指针和石制的圆盘组成。铜制的指针叫做"晷针"，垂直地穿过圆盘中心，起着圭表中立竿的作用，因此，晷针又叫"表"，石制的圆盘叫做"晷面"，安放在石台上，呈南高北低，使晷面平行于天赤道面，这样，晷针的上端正好指向北天极，下端正好指向南天极。在晷面的正反两面刻画出 12 个大格，每个大格代表两个小时。当太阳光照在日晷上时，晷针的影子就会投向晷面，太阳由东向西移动，投向晷面的晷针影子也慢慢地由西向东移动（所谓顺时针，就是这样来的）。由于从春分到秋分期间，太阳总是在天赤道的北侧运行，因此，晷针的影子投向晷面上方；从秋分到春分期间，太阳在天赤道的南侧运行，因此，晷针的影子投向晷面的下方。

世界上最早的日晷诞生于六千年前的巴比伦王国。中国最早文献记载是《隋书·天文志》中提到的袁充于隋开皇十四年（公元 574 年）发明的短影平仪，即地平日晷。

刻漏，又称漏刻、漏壶（图 1.37）。漏壶主要有泄水型和受水型两类。早期的刻漏多为泄水型。水从漏壶底部侧面流泄，格叉和关舌叉上升，使浮在漏壶水面上的漏箭随水面下降，由漏箭上的刻度指示时间。后来创造出受水型，水从漏壶以恒定的流量注入受水壶，浮在受水壶水面上的漏箭随水面上升指示时间，提高了计时精度。

当时已认识到水温和空气湿度对刻漏计时精度的影响。漏刻的度数会因干、湿、冷、暖而异，在白天和夜间需要分别参照日晷和星宿核对。

图 1.37　我国出土的最早的刻漏和多层漏壶计时器

刻漏的最早记载见于《周礼》。已出土的文物中最古老的刻漏是西汉遗物，共 3 件，均为泄水型。其中以 1976 年内蒙古自治区（现鄂尔多斯）杭锦旗出土的青铜漏壶最为完整，并刻有明确纪年。

其他一些计时方法，如香篆、沙钟（沙漏）、油灯钟、蜡烛钟等。而最有名的当属东汉张衡制造的水运浑天仪和宋代苏颂制造的水运仪象台了。

图 1.38　浑天仪

浑天仪　张衡，东汉时期杰出的科学家，中国历史上最早制造浑天仪（图 1.38）的人。张衡的《浑天仪图注》是浑天说的代表作。他明确地指出了大地是个圆球，形象地说明了天与地的关系。从《晋书》中记载得知，张衡的浑天仪是一个直径约 5 尺的空心球，上面绘有二十八宿，中外星官以及互成 24°的黄道和赤道，黄道上还标明二十四节气的名称。紧附于天球外的有地平环和子午环等。天体半露于地平环之上，半隐于地平环之下。天轴则支架在子午环上，其北极高出地平环 36°，天球可绕天轴转动，这就是浑天仪的外部结构，它形象地表达了浑天思想。

　　张衡还利用中国古代机械工程技术的发展，把计量时间用的漏壶与浑象（图 1.39）联系起来，即利用漏壶的等时性，以漏壶流出的水为原动力，再通过浑象内部装置的齿轮系统等传动和控制设备，使浑象每天均匀地绕天轴旋转一周，从而达到自动地、接近正确地演示天象的目的。此外水运浑象还带动一个称作"瑞轮冥荚"的巧妙仪器，制成机械日历。"瑞轮冥荚"就像是一个水车，有 24 个水斗，通过它利用机械装置推动浑象仪一天 24 小时转动一周。传说冥荚是一种奇妙的植物，它每天长一片叶子，到月半共长 15 片叶子，以后每天掉一片叶子，到月底正好掉完。"瑞轮冥荚"就是依照这种现象进行构思，用机械的方法使得在一个杠杆上每天转出一片叶子来，月半之后每天再落下一片叶子来，这样就可以知道月相。

图 1.39　浑象仪

　　水运仪象台（图 1.40）宋代科学家苏颂于 1088 年制成。在机械结构方面，采用了民间使用的水车、筒车、桔槔、凸轮和天平秤杆等机械原理，把观测、演示和报时设备集中起来，组成了一个整体，成为一部自动化的天文台。

　　水运仪象台是一座底为正方形、下宽上窄略有收分的木结构建筑，高大约有 12 米，底宽大约有 7 米，共分为 3 层。上层是一个露天的平台，设有浑仪一座，用龙柱支持，下面有水槽以定水平。浑仪上面覆盖有

图1.40 集实用性和机械
灵活性为一体的
水运仪象台

遮蔽日晒雨淋的木板屋顶，为了便于观测，屋顶可以随意开闭，构思巧妙。露台到仪象台的台基有7米多高。中层是一间没有窗户的"密室"，里面放置浑象。天球的一半隐没在"地平"之下，另一半露在"地平"的上面，靠机轮带动旋转，一昼夜转动一圈，真实地再现了星辰的起落等天象的变化。下层设有向南打开的大门，门里装置有五层木阁，木阁后面是机械传动系统。第1层木阁又名"正衙钟鼓楼"，负责全台的标准报时。木阁设有3个小门。到了每个时辰的时初，就有一个穿红衣服的木人在左门里摇铃；每逢时正，就有一个穿紫色衣服的木人在右门里敲钟；每过一刻钟，就有一个穿绿衣的木人在中门击鼓。第2层木阁可以报告12个时辰的时初、时正名称，相当于现代时钟的时针表盘。这一层的机轮边有24个司辰木人，手拿时辰牌，牌面依次写着子初、子正、丑初、丑正等。每逢时初，时正，司辰木人按时在木阁门前出现。第3层木阁专报刻的时间。共有96个司辰木人，其中有24个木人报时初、时正，其余木人报刻。例如，子正：初刻、二刻、三刻；丑初：初刻、二刻、三刻，等等。第4层木阁报告晚上的时刻。木人可以根据四季的不同击钲报更数。第5层木阁装置有38个木人，木人位置可以随着节气的变更，报告昏、晓、日出以及几更几筹等详细情况。5层木阁里的木人能够表演出这些精彩、准确的报时动作，是靠一套复杂的机械装置"昼夜轮机"带动的。而整个机械轮系的运转依靠水的恒定流量，推动水轮做不间歇的运动，带动仪器转动，因而命名为"水运仪象台"。

还有一些"因地制宜"的计时器，都很巧妙实用。

碑漏　碑漏（图 1.41）属辊弹漏刻的一种。在一个高、宽各 2 尺的屏风上，贴着"之"字形竹管。有 10 个约半两重的铜弹丸，计时者从竹管顶端投入铜弹丸，在底部有铜莲花形的容器，弹丸落入后砰然发声，这时再投入 1 丸，如此往复，据此计时。

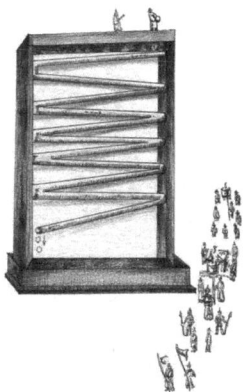

香漏　知识改变命运一事古今皆同。因而寒门子弟萤窗雪案，暮史朝经，以求取功名。《南汇县续志》中记载：明末时，南汇县有一叶姓的寒门寡母教子读书，又恐幼子过于劳累，"尝以线香，按定尺寸，系钱于上。每晚读，则以火熏香，承以铜盘。烧至系钱处，则线断钱落盘中，锵然有声，以验时之早晚，谓之香漏（图 1.42）"。也就是说，这种装置除却目视，通过耳闻亦可知时刻，是一种简易的自动报时工具。香漏在古代的竞渡龙舟中也经常使用。

图 1.41　碑漏

图 1.42　香漏

秤漏　秤漏（图 1.43）是一种官方使用的，供全城或全军营人使用的报时、守时装置。配圭表以校准，置于谯楼之上，并设有专人轮值测时、报时，通过钟铮、鼓、角等设备将时间播送至全城。

田漏　每年四月上旬，谷苗尚嫩、野草遍布，耕耘的人们就全部出动。几十上百人为一曹，安置一个田漏（图 1.44），用击鼓的方法指挥群众。具体为选两个德高望重的人，一人敲鼓发布号令，一人看钟漏掌握时间。歇晌吃饭、出工收工，都听从此二人指挥。鼓声响了还

图 1.43　秤漏

图 1.44　田漏

没到，或者到了却不努力劳作，都要受到责罚。到了七月中旬，稻谷成熟而杂草衰败的时候，就把鼓、漏收回。

3. "跳秒"科技与自然的结合

跳秒（图 1.45）也称闰秒，它的作用就像是弥合农历和公历之间的不协调而使用的"闰月"一样。是指为保持协调世界时接近于世界时时刻，由国际计量局统一规定在年底或年中（也可能在季末）对协调世界时增加或减少 1 秒的调整。由于地球自转的不均匀性和长期变慢性（主要由潮汐摩擦引起的），会使世界时（民用时）和原子时之间相差超过到 ±0.9 秒时，就把协调世界时向前拨 1 秒（负闰秒，最后一分钟为 59 秒）或向后拨 1 秒（正闰秒，最后一分钟为 61 秒）；闰秒一般加在公历年末或公历六月末。如果正闰秒，则这一秒是被加在第二

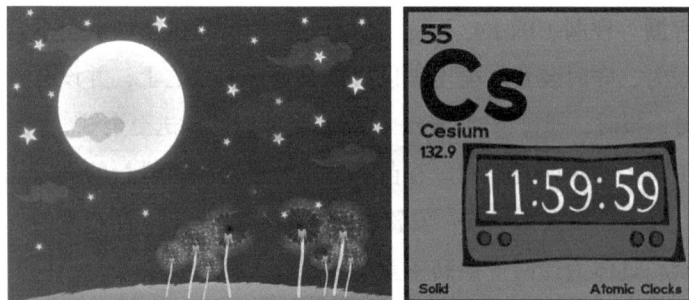

图 1.45　跳秒

天的 00:00:00 前的。当决定加入正闰秒的时候，当天 23:59:59 的下一秒当记为 23:59:60，然后才是第二天的 00:00:00。如果是负闰秒的话，23:59:58 的下一秒就是第二天的 00:00:00 了。

目前，全球已经进行了 27 次闰秒，均为正闰秒。最近一次闰秒在北京时间 2017 年 1 月 1 日 7 时 59 分 59 秒（时钟显示 07:59:60）出现。这也是 21 世纪的第五次闰秒。

如果不增加闰秒会有什么影响呢？按照世界时与原子时之间时差的累积速度来看（43 年减慢了 25 秒），大概在七八千年后，太阳升起的时间可能就会与现在相差 2 个小时了，本来中午 12 点太阳当头照，而七八千年后就要下午 2 点太阳才当头照了。

世界协调时的依据是地球自转，而地球的转速是越来越慢，相比几亿年之前，慢了很多（据估算，每过 35 000 年，地球上一天的长度就会增长 1 秒钟）。自转变慢主要是潮汐作用的影响，也有一些因素会使得地球自转变快，比如，2010 年 2 月 27 日，智利发生里氏 8.8 级地震，并且引发了海啸。将地球上每一天的时间缩短了大约 1.26/1000000 秒（1.26 微秒）。当然，这个量级是太小了，不足以产生什么明显的效果。

实际上，地球的自转是很不规则的，有长期减慢、周年、半年、季节性变化等。

我们知道，地球绕太阳公转的轨道并不是均匀的圆形，而是椭圆形。椭圆形的轨道有两个焦点，而太阳只处于其中一个，根据开普勒定律，相等的时间内扫过相等的面积，这样，地球在相等的时间里走过的轨道的长度其实是不一样的，这造成地球离太阳的距离总是变化的，而地球离太阳的远近，会影响两者之间的力量对比（引力变化），从而影响地球自转的速度。

地球本身不是一个正球体，而是一个近似梨形的扁球体，球体内的物质分布不均匀，造成其转动过程中的不规律性。

地球的地轴与太阳之间有个角度，是"歪着脖子"转动，因为这个夹角，太阳会产生一种想要纠正它的拉力，想使其垂直转动，但实际上并不可能，地球会产生一种反拉力，使得地球在自转过程中像陀螺一样转动，在每年都会产生岁差，虽然看似可以忽略，但是每26 000年，这个误差就有一圈。

地球这么"不老实"，也许就有人会说：我们可以完全按照原子时生活呀！真的那样了，人类生活的时间将与大自然的内在规律慢慢地分离。就像有人描述的那样："作为科技进步的产物，全面采用原子时，意味着人们可以完全摆脱地球自转与日月更替，孤独地奔跑在向前的路上。"

也有人说，新世纪才过去17年就调整了5次了，是不是有点太频繁了，改为"闰分钟"吧！我们只想问一句，多给你的生命加了5秒，你有感觉吗？

1.3.2 月圆月缺谈谈"月"

除去光芒四射的太阳，天空中最引人瞩目的就是月亮了。月圆月缺，云中出没，既规律又神秘，是带给了人类"月"的印象。

1. 中国人的月亮情怀

魄依钩样小，扇逐汉机团。细影将圆质，人间几处看？

——《月》【唐】薛涛

移舟泊烟渚，日暮客愁新。野旷天低树，江清月近人。

——《宿建德江》【唐】孟浩然

你随便问一个中国人：中秋节为什么吃月饼，他都能给你讲出关于月亮的故事（图1.46）。可是作为距离地球最近的天体，你同样去问这些人，他们知道月亮和我们的距离吗？估计会有超出一半的人答不出来！中国人的月亮情节更多的是文化和民族意识上的，似乎和天文学无关联。可是，那一个高高挂在天上、圆圆的月亮，它是天体呀！

图1.46　野旷天低树，江清月近人

月亮，是中国人心目中的宇宙精灵，《史记天官书》云："月者，天地之阴，金之神也。"古人以"金、木、水、火、土"五行来说明四季，春属木，夏属火，夏秋之交属土，秋属金，冬属水。秋天，月亮最明、最清晰，所以是"金之神"。古代天子春天要祭拜太阳，秋天要祭拜月亮。祭拜太阳是在早上，祭拜月亮是在晚上。

那么在宇宙万物中我们为什么只对月亮情有独钟呢？大致原因有四：

（1）月亮是离我们最近、看得也是最清楚的天体，人们自然会十分关注它；

（2）月亮有明显的规律性的形状变化（上弦、下弦、月亏、月满、月食、月晕等）引来人们的好奇，让人联想到自己的命运；

（3）月光的清和、明亮、素雅，符合中国人善良、平和、中庸、含蓄的性格；

（4）古代文人常常为了功名或生计，背井离乡，辛苦辗转，所以特别向往"圆"的事物，期盼"团圆"，而在异地的亲人和我们是共有一个月亮，一个"团圆"的，于是以月寄情，抒发情感（图1.47）。

在中国文化里，月亮一开始就不是一个普通的天体，它伴随着神

但愿人长久 千里共婵娟

图1.47 愿花长好，人长健，月长圆

话世界的飘逸，负载着原始文化信息的深刻，凝聚着我们古老民族深厚的生命情感和审美意识。

月亮基本上就是母亲与女性的象征。"一阴一阳是为道"。阴阳观念是中国古代哲学的出发点，是我国先民对世界的最初认识和解释。《礼记》中说："大明生于东，月生于西，此阴阳之分，夫妇之位也。"大明即太阳，代表男性，意味着阳刚、强壮和力量；月亮代表女性，意味着温柔、阴柔、温馨、婉约和缠绵。因此三岁孩童都知道，称呼太阳为"太阳公公"，称呼月亮为"月亮婆婆"。

月亮的盈亏晦明循环，"暗示"了中国的天下大事，分久必合合久必分，三十年河东三十年河西，呈现出一种循环态势。而在相关于月亮的神话中，嫦娥窃取的不死药及吴刚砍伐的月桂树"树创随合"的奇异能力，都暗示着一种不死的生命精神。时间本是一条进化的直线，但在中国哲学中被转化为一条循环的曲线，阴阳鱼太极图就是明显的体现，这对形成时空合一的宇宙观和文化稳定性具有深远的影响。老子说："物或损之而益，或益之而损。"道家思想将自然现象提升到一种人生智慧。杯满则溢、月盈则亏的道理已深入人心。

西方文化崇尚太阳，太阳神阿波罗在希腊神话占有显赫地位。而中国人对太阳神伏羲却是疏远的，"夸父逐日"与"后羿射日"神话反映的是对太阳的敬畏和斗争，太阳往往是灾难的制造者。而对月神女娲、嫦娥，中国人则表现为亲近、依恋和同情。

西方刚直、独立、冒险与好斗的阳刚文化精神对中国以家为本的柔弱、圆曲、尚静与好粉饰的阴柔性格，形成了鲜明的对比。如果将西方文化比作阳刚的"日神性格"，那么中国文化则可以说体现了阴柔的"月神性格"。

"月宫秋冷桂团圆，岁岁花开只是攀。共在人间说天上，不知天上忆人间。"尤其是在中华民族的传统节日和重要的祭祀活动里，月亮总是重要的角色，被赋予了许多民族精神和文化内容。

（1）神化与诗化——月亮节的中国传奇

在中华民族三大传统节日里，中秋节的形成虽然晚于春节和端午节，但如同春节和端午节那样，中秋节不仅有属于自己的神话传说和民间故事，而且还有独特的礼俗仪式和丰富的文化内涵。

中秋节的起源自古至今说法不一，但都离不开天上的明月和地上的收成。而在秋分日前后，太阳几乎直射月亮朝向地球的那一面（表示日月的"关联"最紧密?），

图 1.48　中秋月

所以月亮看起来又大又圆又明亮（图 1.48），所以有人提醒大家："祭月祭日不宜迟，仲春仲秋刚适时。"每逢中秋，民间大兴祭月、拜月、赏月和玩月之风，久而久之也就形成了一种传统的节日活动。而且在中国人的语言里，很少直呼月球，而是像诸如月亮、月宫、蟾宫、白兔、娥影、桂影、桂魄、婵娟、冰镜、玉轮、银钩、明弓等颇为别致文雅的称号。那里是一个寄托了无限幻想的诗情画意的、可望而不可即的仙境。

（2）人化与物化——团圆节的民俗心理

中秋是团圆的节日。汉代人因为八月十五未见明月而作《霜娥冤》，

足见古人对团圆月的重视。据考证，自唐朝中秋节产生后，人们就有意地将月圆与家人团圆联系起来。唐代诗人殷文圭在《八月十五夜》中曾写道："万里无云镜九州，最团圆夜是中秋。"在字面和心理上已把月亮圆满与人间团圆联系起来。天上月满星稀日，正是人间团圆时的联想，无形之中强化了中国人的团圆意识。到了明代，文献里开始有了"团圆节"的记载。

在农耕文明的时代，虽然人口迁徙和异地谋生并不是社会生活的常态，但官员的升迁、士子的赶考、军队的调防、商人的贸迁和游客的羁旅，也是难免的事情，在通信和交通尚不发达、交流沟通还不顺畅的时代，人在旅途或身在异乡，在一年获得收成的仲秋月明时节，睹物思人、情随境迁，自然生发出思乡念旧、亲人团聚的情绪。中国文艺作品中大团圆的结局是最容易被人接受的，这就是有力的佐证。吃团圆饭、喝团圆酒，尤其是中秋时节的月饼，不仅制作得像八月十五的月亮一样又大又圆又厚实，而且祭拜月亮神后家人分吃的要求也是大小均匀，每人一份，一个也不能少，充分体现了大家庭的温馨和大团圆的价值。

（3）俗化与异化：丰收节的文化盛宴

中秋节除了拜月、赏月，以及由满月引发的家庭团圆等与月亮有关的节俗活动外，还有一种易被忽略的庆贺丰收的习俗。八月中旬，新粮进仓，瓜果上市，敬供神灵，感谢恩赐，祈祷来年好收成，是很自然的事情。

秋收传统与社神崇拜有关。古代人认为万物生长，全靠地神的恩赐和佑助。古代中国人认为，社神是孕育农作物的丰产之神，主要职能是保佑风调雨顺、庄稼丰收。周天子每年有三次常规的社祭：第一次仲春祈谷，春耕时节祭社，祈求这一年能得好收成，叫做"春祈"；第二次是中秋报谢，八月收获时节祭社，向社神报告收成并感谢恩赐，叫"秋报";第三次是年终祭社,庆祝一年的收获,求告来年丰收。在朝廷举行春祈秋报的同时,民间也举行隆重的祭社活动。因此,春秋两个社日成为很热闹的节日。

2. 大月小月闰月

"一三五七八十腊,三十一天都不差。"这两句歌谣是用来帮助人们记忆一年中每个月的天数的。7 个"大月"共计 217 天,365 减去 217 剩下 148 天,按照最早的罗马历法,大月 31 天、小月 30 天,就只能有 4 个"小月"是 30 天啦,这样就有了一个"小小月——二月",每年只有 28 天,闰年时加一天是 29 天。可为什么偏偏是二月呢?

实际上,我们这里谈的历法,是公历——太阳历。它最早起源于古埃及人的"天狼星历",也就是天狼星两次"偕日升"所间隔的时间。埃及人发现,每当天狼星和太阳一起从东方升起时,过不了几天尼罗河水就会泛滥,当河水退下去时,肥沃的"河滩地"很适宜农作物的生长(图 1.49)。他们就把这一天定为一年的开始,相当于现在公历时间的 7 月 19 日。开始测得一年的时间是 360 天,后来随着观测的进步,修订为 365 天,相差的 5 天加在年尾,订为年终祭祀日(也有说法是定为"狂欢日",大家放肆地欢庆,忘记这 5 天)。这样,一年分为三季,叫做洪水季、冬季和夏季。每季 4 个月,每月 30 天。

图 1.49　天狼星在太阳升起之前一点点从东方升起时,古埃及人就开始准备农具了

现代公历最早出现在罗马。不过,最早的"罗马历"是一种更接近"农历(阴历)"的历法,一年只有十个月,余下的六七十天为年末休息日。直到罗马的第二个皇帝,参照了由埃及经希腊流传过来的历法,

才将一年改为 12 个月，同时调整各月的天数，1、3、5、8 四个月每月31 天，2、4、6、7、9、10、11 七个月每月 29 天，12 月最短，只有 28 天。根据那时罗马的习惯，双数不吉祥，于是就在最后这个月里处决一年中所有的死刑犯。这个月在许多地中海国家，比如法国被称之为"雨月"，每天下雨，很是烦人。所以都希望它短一些。

当儒略·凯撒第三次任执政官时，指定以埃及天文学家索西琴尼为首的一批天文学家制定新历，这就是儒略历。儒略历的主要内容是：为保证历年平均长度为 365.25 日，设定每隔三年设一闰年，平年 365天，闰年 366 天。以原先的第十一月第一日为一年的开始，这样，罗马执政官上任时就恰值元旦。儒略历每年分为 12 个月，第 1、3、5、7、9、11 月是大月，每月 31 天。第 4、6、8、10、12 为小月，每月 30 天。第二月（即原先的第十二月）在平年是 29 天，闰年 30 天，虽然月序不同于改历前，可是仍然保留着原来的特点，是一年中最短的月份。

儒略为了表示他自己的"功绩"，把他出生的七月改用自己的名字"Julius"命名，这个新历称为儒略历。但凯撒死后，那些颁发历书的祭司们，却不了解天文学家索西琴尼改历实质，以致把历法规定中的"每隔三年设一年闰年"，误解为"每三年设一个闰年"。因此，从公元前42 年到公元前 9 年就多设置了三个闰年。这个错误到公元前 9 年才被发现，并由凯撒的侄子，罗马皇帝奥古斯都下令改正过来。他宣布从公元前 8 年至公元 4 年中不再设置闰年，而从公元 8 年开始仍按凯撒规定，每隔三年设一闰年（图 1.50）。同样为了留名，他把自己出生的八月改成自

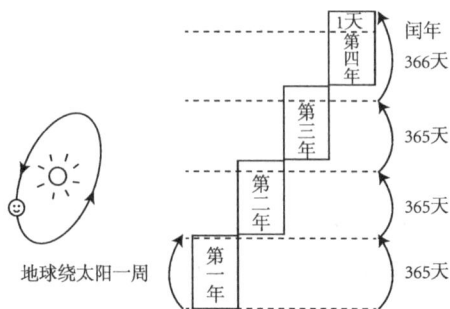

图 1.50　闰年

己的称号"Augustus"，并把这个月增加一日变成 31 日。这一日从二月份扣去，同时为了不让 7、8、9 三个大月连在一起，他把九月以后的大小月全部加以对换。这样一来，破坏了原来大小月相互交替的规律，使本来很好记忆的单数月大、双数月小的历法，变得难记难用了，以至于二千多年后的今天还受其影响。

当时都认为《儒略历》是最准确的历法。于是，欧洲基督国家于公元 325 年在尼西亚召开宗教会议，决定共同采用。但《儒略历》并不是十分准确的历法，它的历年平均长度等于 365.25 日，比回归年长0.0078 日。

这个差数虽然不太大，每年只差 11 分 14 秒，但逐年累积下去，128 年就多出一日，400 年就多出三日。这样从尼西亚宗教会议算起，到 1582 年已产生了 10 日的误差。因此，公元 1582 年，罗马教皇格里高里十三世决定改革历法，采用业余天文学家、医生利里奥的方案，每四百年中去掉三次闰年。其方法是：那些世纪数不能被 400 整除的世纪年（如 1700 年、1800 年、1900 年等）不再算作闰年，仍算作平年。并规定把 1582 年 10 月 4 日以后的一天算作 1582 年 10 月 15 日。日期一下子跳过 10 天，但星期序号仍连续计算：即 1582 年 10 月 4 日是星期四，第二天 10 月 15 日是星期五。改革后的新历法叫《格里历》，全年天数是 365.2425 日，每年只比回归年多 0.0003 日，经过 3300 年才多出一日，比《儒略历》精确多了。因此，世界各国都陆续采用了《格里历》，也就是现行的公历。如意大利、西班牙、法国 1582 年采用；德国、丹麦、挪威 1720 年采用；英国 1752 年采用；日本 1873 年采用；苏联 1919 年采用等。我国也于 1912 年改用公历，并于 1949 年 9 月27 日，中华人民共和国成立前夕，正式宣布"中华人民共和国的纪年采用公元"。

那么，"公元"是怎么产生的呢？它从什么时候开始算起呀？西方国家普遍信奉基督教，信奉耶稣基督。所以耶稣降生的纪元前284年，就作为公元元年。也就有了公元前和公元后的说法。这种纪年法先是在教会中使用，到15世纪中叶，在教皇发布的文告中已经普遍采用，到1582年制定《格里历》时，这种纪年法已经行用多时了，也没再加以改变。

1.3.3　迎来送往"回归年"

　　制定"月"的基本原则是月亮的一个绕地球周期——月圆、月缺、月圆。不过，西方的历法对月的制定就不是这样的，对吧！这都是"依赖于"我们前面提到的——中国人的月亮情结！但是"年"的制定却是东西方一样的，一定要是"回归年"，或者说一年必须要是四季的循环回归（图1.51）！"太阳年""恒星年"都是指的太阳和恒星的一年运动中回归"春分点"的时间间隔。这样的"回归年"叫阳历。而与之相伴的阴历实际上也可以说是一种回归，只不过是把月亮的十二次回归记为一年罢了。总之，说的都是一种时间的轮回。

图1.51　春兰夏荷秋菊冬梅

1. 阴历阳历阴阳历

　　阴历阳历阴阳历，绕口令吗？这是目前世界上正在应用的历法。一般来说阴历也称为"回历"，流行于伊斯兰教国家，亚洲的韩国及一些东南亚国家也有采用；阳历也称公历，目前世界上大多数国家采用，主要是天主教国家。我国采用的是结合"二十四节气"的公历，兼顾了太阳和月亮的周期，所以，称之为"阴阳历"。世界上零星的也有使用佛历和希伯来纪年之类的和宗教有关的历法，不过，多数只是在民间流行。

　　阳历，也就是《格里历》。我国自民国元年起采用阳历，对应原来使用的农历，阳历又称"新历"。阳历以地球绕太阳转一圈的时间定为一年。共365天5小时48分46秒。平年只计365天这个整数，不计尾数。每年所余的5小时48分46秒，直至四年约满一天，这一天就加在第四年的2月里，这一年叫闰年，所以闰年的2月有29天。一般来说，用4去除阳历的年份，能除尽的就是闰年，像2016年、2020年等都是闰年。但是，因为阳历一年的确切天数应该是365天5小时48分46秒，比平年365天多出5小时48分46秒，四年一共多出23小时15分4秒。如果每四年一闰加一天的话，又多加了44分56秒，四百年差不多就会多加出3天来，所以，每四百年得扣去3天才行。故又订了一条补充规定：每逢阳历年份是整百的那一年，能被400整除的才是闰年，比如公元1800年、1900年不是闰年，而2000年则是闰年。

　　阴历，阴历以月亮圆缺一次的时间为一个月，共二十九天半。为了算起来方便，大月定作30天，小月29天，一年12月中，大小月大体上交替排列。阴历一年有355天左右，也没有平年闰年的差别。阴历不考虑地球绕太阳的运行，因而使得四季的变化在阴历上就没有固定的体现，不能反映季节，这是一个很大的缺点。为了克服这个缺点，后来人们定了一个新历法，就是所谓阴阳合历。现在我国还在使用的夏历（也叫农历或阴历）就是这种阴阳合历。它跟阴历一样，以月亮圆缺一次的时间定做一个月，也就是大月30天，小月29天，可是它又用加闰月的办法，使得平均每年的天数跟阳历全年的天数相接近，来调整四季。阴历约每过二三年多出一个闰月。

阴阳历，也称农历。农历是我国自殷商时代起到1912年中华民国成立，数千年中一直延用的一套历法。其主要特点是以月相盈缺来确定一"月"的终始，并通过设置"闰月"来保证年的平均周期接近地球公转的一个回归年。农历的一个平年是12个月，354天或355天；闰年则是13个月，383天或384天。

目前已知有记载的最早的农历是春秋战国至秦朝时期的"古六历"（即黄帝、颛顼、夏、殷、周、鲁共六种历法，这几种历法的区别主要是岁首和四季的定位有所不同）。由于其定义一回归年为365又1/4天，因此又称四分历。"古六历"的特点是以366天为一岁，在有闰月的时候通过"正闰余"来调整周期，另外闰月也同时用来确定四时和岁的终始。这里所谓"正闰余"是指：一年有366天，比起一回归年的365又1/4天多出来约3/4天，把这3/4天称之为"岁之余"，而在闰月的时候，要把这多出来的"岁之余"给抹掉，即有"闰余成岁"。这里"闰"的最早意思其实是"减掉"，而非现在的"额外、加多"。对于置闰的时间则几朝各有不同（这也是古六历的主要区别），以商为例是以十二月为岁首，将闰月放在十一月之后，而秦则是以十月为岁首，将闰月放在九月之后。但闰月之后都是新一年的开始，即所谓"以闰月定四时成岁"。用闰月来确定一年的终始。

古六历之后，中国农历曾发生过一次比较大的变化，也称为农历的转折点，这就是西汉时期颁行的著名的《太初历》。《太初历》是公元前104年（太初元年）汉武帝下令定改的一套历法，也是现存最早的有完整文字记载的历法。《太初历》之于古六历最大的改动是加入了二十四节气以定农时，并确定了以《夏历》正月为岁首（这也是现在的农历有时被称为《夏历》的原因）。同时由于二十四节气的加入，又有了在"无中气"的月份置闰的规定，使得农历的月份与四季的配合更为合理。再往后各朝各代虽然均有在时行历法的基础上进行修订，但大多都是在《太初历》的基础上修修补补，再无太大的改动。

2. 二十四节气是历法

二十四节气是中国古代订立的一种用来指导农事的补充历法，是在春秋战国时期形成的。由于中国农历是一种"阴阳合历"，即根据太阳也根据月亮的运行制定的，因此不能完全反映太阳运行周期，但中国又是一个农业社会，农业需要严格了解太阳运行情况，农事完全根据太阳进行，所以在历法中又加入了单独反映太阳运行周期的"二十四节气"，用作确定闰月的标准。二十四节气能反映季节的变化，指导农事活动，影响着千家万户的衣食住行。

二十四节气是根据太阳在黄道（即地球绕太阳公转的轨道）上的位置来划分的。视太阳从春分点（黄经零度，此刻太阳垂直照射赤道）出发，每前进 15° 为一个节气；运行一周又回到春分点，为一回归年，合 360°，因此分为 24 个节气。其中，每月第一个节气为"节气"，即立春、惊蛰、清明、立夏、芒种、小暑、立秋、白露、寒露、立冬、大雪和小寒等 12 个节气；每月的第二个节气为"中气"，即雨水、春分、谷雨、小满、夏至、大暑、处暑、秋分、霜降、小雪、冬至和大寒等 12 个节气。"节气"和"中气"交替出现，各历时 15 天，现在人们已经把"节气"和"中气"统称为"节气"。

图 1.52 把太阳运行一周的 360° 分成每 90° 一个间隔。这样就出现了四个特殊的时间点，"两至两分"。大约太阳每运行 15° 为一个间隔，也就是 15 天左右就是一个节气（所谓"节气"，节指时节，气指气候。古人称五日为一候，三候为一气，即一个节气）。由于一年是 365.2425 天除以 24 约等于 15.22 天，所以，每个节气的时间也略有不同，冬天地球在近日点速度快，每个节气 16 天；夏天则是 14 天左右。

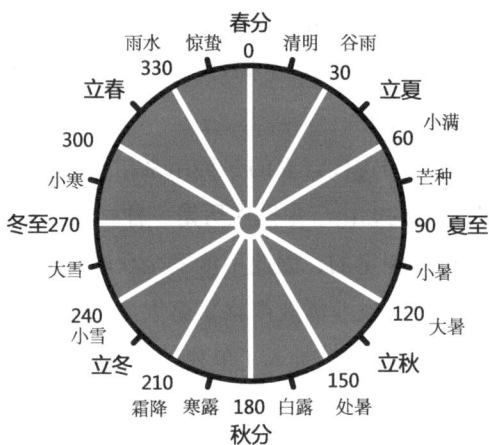

图 1.52　二十四节气

二十四节气与太阳的运行、农业生产的周期，以及人们的四季生活严格"正相关"，是真正的"天人合一"。

立春、立夏、立秋、立冬——亦合称"四立"，分别表示四季的开始。"立"即开始的意思。公历上一般在每年的 2 月 4 日、5 月 5 日、8 月 7 日和 11 月 7 日前后。"四立"表示的是天文季节的开始，从气候上说，一般还在上一季节，如立春黄河流域仍在隆冬。

夏至、冬至——合称"二至"，表示天文上夏天、冬天的极致。"至"意为极、最。夏至日、冬至日一般在每年公历的 6 月 21 日和 12 月 22 日。

春分、秋分——合称"二分"，表示昼夜长短相等。"分"即平分的意思。这两个节气一般在每年公历的 3 月 20 日和 9 月 23 日左右。

雨水——表示降水开始，雨量逐步增多。公历每年的 2 月 18 日前后为雨水。

惊蛰——春雷乍动，惊醒了蛰伏在土壤中冬眠的动物。这时气温回升较快，渐有春雷萌动。每年公历的 3 月 5 日左右为惊蛰。

清明——含有天气晴朗、空气清新明洁、逐渐转暖、草木繁茂之意。

公历每年大约 4 月 5 日为清明。

谷雨——雨水增多，大大有利于谷类作物的生长。公历每年 4 月 20 日前后为谷雨。

小满——其含义是夏熟作物的籽粒开始灌浆饱满，但还未成熟，只是小满，还未大满。大约每年公历 5 月 21 日这天为小满。

芒种——麦类等有芒作物成熟，夏种开始。每年的 6 月 5 日左右为芒种。

小暑、大暑、处暑——暑是炎热的意思。小暑还未达最热，大暑才是最热时节，处暑是暑天即将结束的日子。它们分别处在每年公历的 7 月 7 日、7 月 23 日和 8 月 23 日左右。

白露——气温开始下降，天气转凉，早晨草木上有了露水。每年公历的 9 月 7 日前后是白露。

寒露——气温更低，空气已结露水，渐有寒意。这一天一般在每年的 10 月 8 日。

霜降——天气渐冷，开始有霜。霜降一般是在每年公历的 10 月 23 日。

小雪、大雪——开始降雪，小和大表示降雪的程度。小雪在每年公历 11 月 22 日，大雪则在 12 月 7 日左右。

小寒、大寒——天气进一步变冷，小寒还未达最冷，大寒为一年中最冷的时候。公历 1 月 5 日和 1 月 20 日左右为小寒、大寒。

第 2 章

效仿天命是人类本能的"命理思维"

星相学（图 2.1），中外皆有之。是一门伴随着人类文明的产生和发展而起源和流传的一门古老的"学问"或者说是"技艺"。但它不属于科学，究其原因，首先它不能被社会和自然所验证；其次，它所赋予的各种理论解释，均来源于人的主观思维，无法像科学理论一样可以应用于生活和实践；最重要的是，星相学

图 2.1　星相学更接近于心理学

的起源，包括它的繁盛，都是得益于人们对大自然、对社会伦理法则的认识不足，解释不清。所以，随着科学和社会的进步，它当然会越来越失去它原有的市场。

那么，人们肯定就会问：既然不是科学，是科学家所说的"迷信"，落后的东西，为什么它还流传了好几千年呢？好吧，我们说它不是科学，但它是一种文化，就像唱歌跳舞一样，可以给人们带来"消遣"，当然会有人需要了。实际上，延续我们前面的思维，星相学应该是"天人合一"思想在人身上、思想中的一种体验、一种生活的体验！

2.1 天文学星相学 300 年前是一家

一般来说，星相学指的是西方的"占星术"之类的知识。在我们中国，星相学通俗的说法是"占卜算命"。西方的星相学和天文学"同源"，而我们国家的占卜算命属于"术数"一类，基本上来源于祖先的生产生活实践。外来的为"客"，我们先说西方的。

2.1.1 星相学的起源和发展

星相学亦称"星像学""占星学""星占学""星占术"。是一种根据天象来预卜人间事务的方术。

今天人类的直系祖先是在 10 万年至 15 万年前陆续从非洲大草原走出，逐渐分布到世界各地。约 1 万年前，一些地方陆续进入农业定居社会。出于追逐野兽和采集食物的需要，人们注意到了自然节律，特别是草木生长，动物繁衍，日月星辰的运行之间的关系。与其他被动适应自然的物种不同的是，人类特有的好奇心促使人们追问世间万物之间的关系，尤其是明亮的日月星辰对地上事物的影响。

风、雨水、阳光都能决定（影响）农作物和牧畜的生长繁殖，光芒四射的太阳、神秘的月亮、周天"巡游"的行星当然能够告诉（影响）我们更多的东西啦！

实际上，"占星术（学）"是占卜术的一种。占卜是人类在无力掌握自然规律的情况下，希望借助某种符号的变化来窥测神灵的意愿的一种过程。占卜所用的符号有很多，没有必然性。用竹签蓍草、阴阳八卦、扑克牌、塔罗牌、星座行星，或者灼烧之后的甲骨，或者剖开羊的内脏，都可以人为规定一套规则。占卜的符号和规则越复杂，就显得越高级。占星术以神圣天体的名义，结合复杂的"天体属性"去预测"人的属性",不是就更加"高大上"了吗?所以,虽然屡经打击,但利用大众的盲目崇拜,占星术还是成功地生存至今。

更何况,占星术和天文学真的是同根同源的。它们的研究对象都是天体(天象),都需要观察、解释。古希腊时代,天文学大师托勒密便提出,星空中的科学分为两大类:理论性的和实用性的。公元 7 世纪,被称为"圣师"的圣依西多禄(西班牙 6 世纪末 7 世纪初的教会圣人,神学家)正式为两个部分分别命名,理论性的一支命名为天文学(Astronomy),实用性的一支命名为占星术(Astrology)。相同的"Astro"词根有不同的后缀,有趣的是后缀"nomy"有规则、法理的意思,而"logy"则是演讲、言语的意思。难道说"圣师"当时就明白,天文学家要靠观测和理论研究为主;星相学家要靠"嘴皮子"养家?

西方占星术,起源于两河流域的巴比伦(图 2.2)。这里是最早产生人类文明的区域之一,也是古代民族竞争最激烈的区域,不同的族群浪潮一般地一波接一波涌向这里,文明与战争交替发展。是呀,阳光雨露决定收成,也决定命运,人们对于天空日月星辰的敬畏,驱使他们去探

图 2.2　古巴比伦人以及后来的迦勒底人一直都相信"天意"

索天上与人间所发生事件之间的联系,占星术就是他们对空间与时间、天体运行与人类命运之间联系的理解。巴比伦人用占星术来预测旱涝、收成、瘟疫和战争,也用来预测新生儿的个人命运。

特别是巴比伦王朝后期的迦勒底人,他们观察太阳、月亮、星辰运行的规律,发现日照时间与农作物的成长有关,潮汐也受到月亮的影响,星星则会在固定的日期与时间出现在天空的某个位置,农业的

收成也和阳光雨水有关，而这一切的运行替人们带来了温饱。因此行星（代表诸神）在天上的运行位置，被他们视为诸神处理人世问题的态度，当行星的运行可以被解读时，他们就能够了解神明即将为人间带来的是福或是祸。他们当中的祭司，就成了向君王报告日食与月食的先知，并扮演了诠释其吉凶祸福的重要角色。

公元 1850 年考古学家在伊拉克北部的古城尼尼微发现了"金星书卷"，这是一套以楔形文字书写的泥板，经过解读后，发现泥板上记载的是一段有关金星位置与君主健康的占卜描述，而这块泥板也被视为巴比伦人使用占星术的最有力证据。这套泥板在经过鉴定后，确认其制作时间大约是在公元前 2300—1700 年，在《汉谟拉比法典》（图 2.3）制订之后产生。其中有一段相当精彩的文字："如果金星出现在东方的天空，被白羊座月亮与大小双子座四者包围，而且又黑暗，则阿拉姆之王将会生病且无法活下去。"

图 2.3 《汉谟拉比法典》

迦勒底人的占星术，借由商业与文化的交流传入埃及，在许多后期的金字塔陵墓壁画中，都可以看到枷勒底人黄道十二宫的影子，不过埃及人也将部分星座符号用他们较为熟悉的图腾代替，例如，将原本的一男一女面对面手掌相贴的形状变成双子座的代表符号；天蝎座则以埃及的圣甲虫替代；而洪水泛滥的季节正好也是水瓶座出现在天空的时刻，于是埃及人直接用水纹符号，取代水瓶座的挑水夫。

公元前一千多年占星术传进了爱琴海的领域，之后的一千年间，虽然占星术在希腊与罗马世界仍广受欢迎，但占星术与天文观测的发展却没有很大的变化。

到公元前4世纪，亚历山大大帝统治了整个地中海地区，进而促进了整个区域的文化融合，波斯、埃及与犹太人的宗教与哲学，也影响到了占星术的发展。随着"地心说"宇宙体系的完善和传播，星相学家认为"人体就是一个小宇宙"（图2.4），使得占星术逐渐走出宫廷，从原本的君国解释天意的功能，转而发展出个人占星图的绘制与解读，而这也就是今日占星术能够传播如此广泛的起因。

古希腊人把天文学和占星术发展到史无前例的精密程度，这时两种学问依然是一家。地心说的创始人，《天文学大成》一书的作者托勒密，就有一部关于占星术的经典著作《占星四书》（图2.5），哪怕就是现代社会，想当星相学家，这套书也是"入门教程"。托勒密认为"人类既然能够预测季节，就不难对自身的命运和秉性作出类似推测——即使在一个人的胚胎形成时期，我们也可以感知此人的性情、体型、心智容量，以及日后的祸福"。《占星四书》讨论了天体的性质、位置计算，以及占星术在选择吉日、气象预测、健康寿命、婚姻生活、旅行方面的内容，长达数百页。

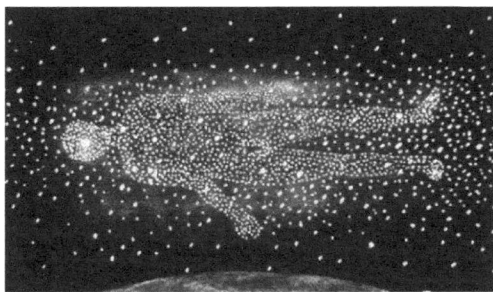

图2.4 人身小宇宙，宇宙大人身

图2.5 托勒密

约在公元5世纪后到13世纪，因为欧洲连年的战乱，几乎让所有重要的文献付诸战火，而保留在教堂的著作也因为基督教的禁令没人敢碰，许多重要典籍甚至因为皇帝的命令而被烧毁，占星术的发展在这时候也几乎完全停止。与此同时，原本隶属于罗马帝国的埃及与小亚细亚地区成为阿拉伯人的天下，他们大量且快速地吸收了古典时期的学术，不仅将许多希腊文著作翻译成为阿拉伯文，更在 9 世纪在巴格达城建立了图书馆，收藏西方古典时期存在亚历山大城的书籍，占星术也因此又一次进入了阿拉伯人的世界。直到文艺复兴时期，这些文献才又从阿拉伯文译回拉丁文并重回欧洲。而阿拉伯人对占星术的贡献，不仅仅是保存与翻译典籍，在占星术的研究上也有着许多杰出的贡献。比如就是现代占星术也在应用的"阿拉伯"点（图 2.6）就是那个时期开始应用的。

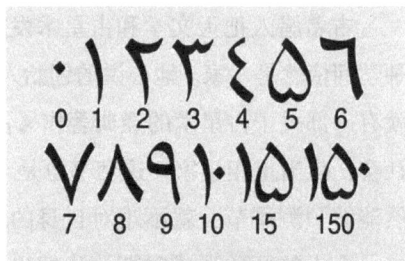

图 2.6 "阿拉伯"点

在中世纪前后的一段时间，占星术受到基督教的镇压几乎已经消失殆尽，只剩下黄道上的符号出现在中世纪所使用的历法上，占星术在欧洲沉寂了一段时间之后，又借着阿拉伯人的著作回到了欧洲，12 世纪阿布马谢（图 2.7）的作品《天文学入门》被翻译成拉丁文进入了欧洲，展开了占星术的另一个阶段。

图 2.7 阿布马谢

阿布马谢是希腊哲学家，是被称为"学问之父"的亚里士多德的大弟子，中世纪星相学在欧洲被压制时，是他的努力使得星相学在阿拉伯地区得以持续发展，不过，由于他喜欢炼金术，偏重于神秘主义，所以在阿拉伯人和后来埃及人的神秘哲学的影响下，"回流"欧洲的星相学就增加了许多神秘主义的色彩。

公元 1125 年波隆那大学将占星术列为正式的学科，可见得占星术逐渐在中世纪社会中发生了一些影响。此时占星术的发展大致上可以分为三个方向：以解释出生图对人影响的"决疑占星学"（judicial astrology）；以占卜为主的"时辰占卜占星"（horary astrology）；还有以预测自然界与社会大事件为主的"世俗占星学"（natural and mundane astrology）。

到了13世纪占星术逐渐恢复了以往的势力，从许多当时的文学著作中就可以看见占星术的影响，而占星家也再度成为社会的宠儿。神圣罗马帝国的费得烈二世在位时，身边就常跟随一批占星家，最著名的就是他对占星师米歇尔·史考特的测验，他要求米歇尔·史考特猜他今天会从哪个城门出城，占星家把答案写下后封好，要求国王出城门后再打开。狡诈的费得烈二世故意不走原本的城门，硬是在城墙上弄出个洞再从中走出来。出了城堡之后费得烈二世打开封条，上面写着"国王今天将会从一个新的出口出城"。米歇尔·史考特也因此成为中世纪知名的占星师，并和另一位13世纪备受贵族器重的占星师基多波那提齐名。基多波那提所写的《天文学之书》是13世纪相当重要的拉丁文占星著作，他本人也备受贵族们的器重，甚至要他在出征时挑选吉时。

有些哲学家或是神学家也开始接受占星学，其中最著名的就是13世纪的哲学家亚伯图斯，他的主要研究与论述是关于古典时期的亚里士多德学派，也因此对占星术有不少研究。他试图减少占星术的异教色彩，降低占星术与教会的冲突。他认为行星对于人间事物有一定的影响力，这当然是受到古典哲学当中"天上如是，人间亦然"的影响，并且认为受过正统训练的占星师，能够在上帝所允许的范围内预测未来，并不会和自由意志相冲突。

文艺复兴时期可以说是占星学的全盛时期，文艺复兴在历史学上的定义就是欧洲人试图恢复以往希腊罗马时代的人文精神，此时无论是社会或是欧洲的宫廷与教会，都弥漫着一股占星的风气，从乔叟的

《坎特伯雷故事集》和莎士比亚的著作中，我们就可以看到占星术在当时是如何左右人们的生活与思想的。

在民间原本用来指引农民种植农作物的月历，因为占星术的关系发展得更为细致，利用每天月亮与行星的位置，作出生活指南的农民历。就像是今日的每周或每日星座运势分析，提供何时适合旅行，哪一天适合结婚等建议。在文艺复兴时代医疗占星术也特别兴盛，在农民历中就详细记载了何时适合放血或接受医疗等信息。

这种占星风潮在宫廷和教会中也同时存在，此时占星学已经逐渐获得教会的承认，甚至有许多教皇本身就着迷于占星术，进而学习或延请占星家来替他们选择黄道吉日加冕或颁布法律。教皇保罗三世在发布他的宗教法对抗新教的宗教改革时，就曾经请占星家选择良辰吉时。教会的推波助澜，使得占星术发展得越来越兴盛。

英国的伊丽莎白一世与占星家约翰迪就关系密切，甚至连国事都找他商量，约翰迪毕业于剑桥大学的三一学院，是剑桥大学的希腊文讲师，对占星与魔法和炼金术都有着相当大的兴趣。

丹麦的宫廷占星师天文学家第谷精准地从占星中预言了瑞典国王古斯塔夫入侵德国的事件，第谷是丹麦的宫廷占星家，本身也是贵族，王室支持他在帝纹岛建造天文台用于占星观测。开普勒在第谷死后接任了宫廷占星师的职位，令人为难的是，他的科学精神与当时的占星观点有着许多冲突，这些矛盾也令他说道："天文学这个聪明的母亲，可是却无法不依靠占星术这个愚蠢的女儿活下去"，这句话一直被反对占星术的人拿来作为攻击占星术的工具。不过，开普勒其实承认星体对人世间的确有所影响。与其说开普勒不相信占星术，还不如说他试图将占星术变得更具有科学性。开普勒将占星导向了更贴近于实际星体的观察与解释，他也使用许多特别的相位来诠释星盘，这些思想都对日后的"汉堡学派"有启发作用。

17 世纪之后，占星术在西方逐渐开始没落。理性主义的兴起与科学革命的出现，从哲学的根本与科学的观点挑战了占星术，牛顿的《自然哲学的数学原理》一书的出版和伽利略天文望远镜的发明，带动了更精确的天文观测，也为天文学打下了扎实的基础，科学革命将社会的焦点转移到了天文学上，此时的占星术开始没落。

占星术一直到 19 世纪才开始重新被重视，19 世纪"通神学"与"神秘结社"的兴起是占星术能够再度兴盛的关键，魔法及宗教的研究，结合了科学概念的电力、能量、磁场的概念，虽然模糊但也慢慢地都加入占星家的思想当中，这当中最著名的就是艾伦里奥，艾伦里奥在加入"通神学会"后创办了一份十分畅销的占星杂志，在从事占星的过程中他写了三十本关于占星术的教材，有人称艾伦里奥为"现代占星术之父"。经由他的影响，现代占星术在欧洲与美国成立了协会以及学院，让占星的研究更具系统化。

在英国，查尔士·卡特受到了艾伦里奥的影响，加入了通神学会并替他工作，他与许多通神学会里的占星师共同合作成立了英国占星学院，并成为第一位英国占星学院的院长。该学院的另一位院长玛格丽特·荷恩则著有占星术教材，到今日仍备受重视。

此外，因为科学研究的昌盛，许多占星术的研究者也不得不顺应这股风气，尝试着与科学结合。而许多科学家或许是为了质疑占星术的可信度，也纷纷开启了众多实验。特别是在 19 世纪末期，心理学受到弗洛伊德等人的宣扬，成为一门吸引人的新兴科学。此后由于荣格（图 2.8）对神秘学当中的炼金术与占星术特别着

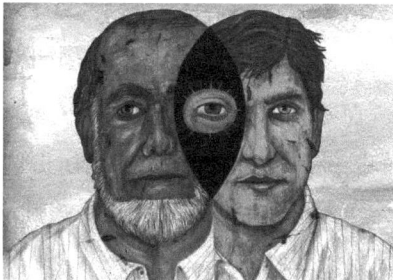

图 2.8　弗洛伊德和荣格

迷，他把许多研究经历放在了心理学与占星或是炼金术的领域里讨论，这也许就是今日欧美相当流行的"心理占星术"最初的源头吧。

受到荣格的影响，许多欧美的占星师纷纷挂起心理占星学派的名号。无论他们是否修过心理学，但仍然大量地使用心理学词汇，例如"非因果关联性"（synchronicity）、"原型"（archetype）等心理学用语，来装点他们的星图与解释。

1980年，英国占星师奥莉薇·雅巴克利，更将原本式微的"时辰占卜占星术"进行了系统化教学的整理，因而获得了英国与国际占星师协会的认可，更带动英国的占星界将其教学品质系统化，并纷纷组成占星教育学会。目前欧美的占星界更是属于百花齐放的状态，从新兴的"汉堡学派"到古老的"印度占星学"，从"心理占星学"到传统的"时辰占卜占星学"都有。

2.1.2　星相学所依据的法则

读到这里，我们不禁要问，星相学有用吗？它能告诉我们什么呢？如果它什么作用都没有，那为什么还能存在几千年？

一个占星师兼作家这样告诉我们："一个人疯狂和不正常的程度取决于他的个性和他的本质之间的分歧程度。一个人对自己的了解与他真实的样子越接近，他就越拥有智慧。他对自己的想象跟他真实的样子相差越大，他就越疯狂……"

多么深刻的描述呀，有很好的警示作用。可是，认识自我，能看清真实的自己，这可是一个人或者是整个人类最大的愿望和追求。我们能做到吗？占星术真的能让我们看清自我，为我们指一条明路吗？

占星术也不想担任这么关键、重要的角色，一个聪明的占星师告诉我们："哪有什么'注定'呀？有多少人，甚至是那些占星师都被误导了，认为只要看清了我们每个人的'星盘'，就可以一劳永逸地沿着上天指引的方向愉快地、大踏步地走下去……"

他清醒地告诫我们:"如果以健康的形式存在,占星术可以是人类最珍贵的伙伴,它是最古老的**心理治疗术**。但是,逐渐地,'帮助别人'这个目标被'引人惊奇'这个欲望所取代了。"

是的,懒惰和依赖感是人类的天性,谁不想清晰地、安安稳稳地有一个"高人"给自己指一条人生的"明路"呀。大家都希望占星师能给我们带来这个"引人惊奇"。

"占星为我们带来的不是答案,而是问题,而我们可以给出自己的答案。"这个聪明的占星师接着说,"占星术提供的只是地图,如何在这个地图里航行则是我们自己的事。"这是每个人一定能够做到的,因为"我们每个人都有一种'让我的生活变得不一样'的渴望"。

占星术很神秘,就像炼金术一样。有一句古老的炼金术格言是这样说的:未知的必须借由更深的未知来获悉,隐晦的必须借由更隐晦的来明了。

占星师进一步告诉我们:"天空,对天文学家来说它只是一种存在。至于它的含义——那是诗人和哲学家会去探讨的问题,而不是天文学家。天文学家和占星师之间的区别在于:天文学家想要知道天空的形态,而占星师想要探寻它的含义。占星术是天文学的诗歌,它在意的是意义而不是结构。它在意的并不是天空是什么,而是它在对我们说什么。"

我们可以理解为:星空、太阳、月亮、星座对星相学来说,只是一种存在(工具),它在那里就是了,至于怎么解释它们的存在,那是我们占星师的事,我们说了算! 至于为什么选中星空、选中各种天体,而不是别的什么,那是因为它们足够"神秘",足够"高大上"。

不过,占星师也"很谦虚地"告诉我们,占星术能够帮助我们的只有三点。它能告诉我们"自己所能达到的最快乐的生活是怎样的";它能告诉我们"为达到那里都有哪些工具可以使用,以及如何使用它们";当我们走偏了的时候,它能够提前警告我们"自己的生活可能变成什么样子"。而选择权在我们自己手上。

在星相学业界有一个"赫尔墨斯秘密教诲"。据说是由字母、天文学、数学、占星术和炼金术的鼻祖赫尔墨斯制定的,都是由老师以口耳相传的方式传授给学生,而且是只透露给那些来自远方、有诚意认真学习的学生。一般称之为"凯巴莱恩密教",其中有7个占星学的宇宙法则。

(1)唯心法则(The principle of mentalism)

这个法则可能是最不容易理解的,或许应该先搁置一旁。简而言之,这个法则指的是宇宙万物皆为"一切万有"(All That Is),唯心所造。这个法则涉及的是上主的无限性和永恒性,因此对大部分人而言是不可知的议题。

(2)上下一致法则(The principle of correspondence)

它指的是天上如是,人间亦然;也可以说内在如何,外在就如何。换句话说,在物质次元发生的事,源头乃是在心智和灵性次元。身体上的现象往往是源自于内心,它们反映出了彼此。所谓大宇宙和小宇宙的概念,就是上下一致法则的例子之一。

(3)能量振动法则(The principle of vibration)

这意味着没有任何事物是静止的,万事万物都在不断地变动。即使是地球——这个感觉上十分坚实的东西,也是不断绕着太阳和自己的轨道运转。哲学家和科学家自古以来一直在叙述相同的一件事:亚里士多德曾说过,一切事物都在运动中,但我们一直忽略了这个事实;赫拉克利特(图2.9)也曾主张,世界就像一条川流不息的河,因此你不可能两次都踏进同一条河中。所有的事物都在振动,或者说都有其振动频率,改变振动频率就能改变外在现象。最高振动频率的水就是蒸汽,振动频率最低的水则是冰;水借由频率的改变而呈现不同的形状。

（4）两极或二元法则（The principle of polarityorduality）

此法则是指一切事物都有对立面，而对立的两面本质上是相同的。以上和下、黑暗与光明的概念为例，事实上根本没有所谓的上，也没有所谓的下；它们是相对性的存在。这种二元法则也可以用在情绪层面，譬如爱与恨、喜悦和沮丧都是一体两面。

（5）周期循环法则（The principle of rhythm）

图 2.9　赫拉克利特

这个法则的意思是，万事万物皆有周期循环，譬如潮汐有退潮，也有涨潮。万物皆有出入和升降，也都会经历诞生、成长、毁坏和死亡；死亡既可以看成开端，也可以当成结尾。生命的周期循环有数千种，每一天的变化、每一次的呼吸，都算是一个循环。有的生命的周期循环只维持几秒钟，有的则维持数百万年。如果每个人都接受了这个可谓十分明显的真相，那么我们就得承认一切事物都会经历诞生、成长、毁坏和死亡，当然也包括地球在内。

（6）因果法则（The principle of causeandeffect）

这个法则指的是每个因都会造成一种果，每个果也都有它的因。万事万物都按照这个法则运行，因此并没有所谓的"巧合"（coincidence）。每个肇因都有许多层次，连那些看似意外的事件，也是由某种因素或多重因素造成的。因果法则也可以定义成"影响力法则"（The law of consequence），因为每个思想、行为或事件都会产生反弹力，即使是一闪而逝的念头，也会促成一些行动。所以我们的话语和行动无论多么琐碎，都会造成一些结果，影响到一些事情，而那些受到影响的事物，也会反过来影响其他的事物。每一个心念、情绪或生理反应，都会投射成外在的结果，而那股能量也会弹回到我们身上，就像回力棒一样。

在东方世界里，因果法则即是所谓的"业力"（karma），而且不只是显现在这一辈子里。按照逻辑推演下去，自然就产生了轮回转世的概念。许多占星师不一定相信轮回转世，其实接受因果法则不代表必须相信轮回转世的概念。轮回观主张肉体只是一个载具，当肉体死亡时，灵魂会脱离肉体，然后获得重生。身体被视为一具让人活出灵魂使命的工具，每个人在每一世里都会收获过去世播下的种子，同时也会再度播下未来世将收成的种子。因此根据转世法则，我们的思想和行为总会反弹到我们身上，包括这一世及未来世，所以每时每刻我们都在创造此生的下一个阶段，以及未来的多生多世。虽然我们过去世的行为留下了一些遗产，而且带来了某种程度的局限（这种局限可以定义为我们的命运），但我们仍然可以改变未来的命运。虽然我们无法改变过去已经发生的事，但仍然可以改变面对眼前事件的态度，因为改变态度和想法，就能改变行为和命运。

（7）阴阳法则（The principle of gender）

这个法则指的是一切事物都有阴阳两面。阳的这一面是外向的、积极的和煽动的，阴的这一面则是内向的及带有接收性的——当然，这包括了身心灵三个层次。即使是和一个人交谈的过程，我们都可以看到其中的阴阳法则。说话的那一方表现的是阳性模式，聆听的那一方则表现出阴性模式。在占星术里面，火象和风象星座代表的是阳性法则，土象和水象星座代表的是阴性法则。在行星方面，太阳和火星显然带有阳性特质，月亮和金星则显然带有阴性特质。

总而言之，每个人看待世界的方式都不一样，诠释的方式也不相同。占星师的任务就是让人们从更大的视野来理解事物，来认识世界。不妨把"天宫图"看成是一张生命地图，而占星师只是一个解图者。

地图可以让我们注意到以往忽略的事情，也能帮助我们看到自己与一切事物的关联，或者帮助我们发现属于自己的道路。占星师的工作能让我们寻找人生方向的过程变得比较容易一些，并不意味着他就能告诉你该向哪个方向走。最重要的是帮助你认识到自己目前所处的状态，看清楚自己当前的形势。而占星师会帮助你发现目前情况的内在真相是什么。用各种方式来增加我们对事物的觉知，让我们更加清醒，更能够认识到自己的位置和状态。

2.1.3　为你安排人生？凭什么！靠谱吗？

占星，即使不能告诉我们现在或者未来，哪怕就是像上面的那位"聪明的占星师"说的，为我们画（规划）一张"人生地图"，占星师来充当解图者。我们也都会额手称庆啦！可现实和生活告诉我们，人生的方向还是要自己选择，路还是要自己走。科学和大自然也告诉我们，事物的发生发展有它自有的规律性，而科学（研究）的目的就是去不断地探寻这些自然的或社会的规律。甚至当今知名的占星学家也会说：占星相对科学来说，它更接近于巫术，而巫术是一门意识上的技术。

那么，星相学真的靠谱吗？为什么它不属于科学的范畴？如果它就是"迷信"，是荒唐而落后的东西，那它为什么还会存在几千年，而且当今居然还是那么流行（比如占星、星座文化）呢？

星相学，可以说是占星师观测天体，日月星辰的位置及其各种变化后，作出解释，来预测人世间的各种事物的一种方术。

星相学认为，天体，尤其是行星和星座，都以某种因果性或非偶然性的方式预示人间万物的变化。星相学的理论基础存在于公元前300年到公元300年，大约600年间的古希腊哲学中，这种哲学将星相学和古巴比伦人的天体"预兆"结合起来，星相学家相信，某些天体的运动变化及其组合与地上的火、气、水、土四种元素的发生和消亡过程有特定的联系。这种联系的复杂性，正反映了变化多端的人类世界的复杂性。这种千变万化的人类世界还不能为世人所掌握，因此，星相学家的任何错误都很容易找到遁词。

古人将星星当成神仙的住所或神喻，现在既然发现了星座的升起伴随着季节的变化（相关性），那么就很容易把星座当成了导致季节变化的原因（因果关系），进而认为可以通过观察星座预测世事（图 2.10）。的确，用星座的变化来预测季节的来临是绝不会不准的。星相学就因此诞生并很快地流行开来。巴比伦人还观察到有些星辰不像恒星那样固定不动，而是在空

图 2.10　某个特定星座的偕日升起，就可以作为季节来临的标志

中漫游，如行星、彗星、流星。因此，他们又得出结论说，这些变化无常的星辰，决定着变化无常的人间万物，通过观察星辰运行，可以预测人事吉凶祸福。

这里，关于占星术靠不靠谱，我们先探讨几个问题。

首先，是什么（科学）原理让占星有效？

"占星学和磁力学有关吗？""是不是占星是一个尚未被发现的自然领域的事物，而最终会被纳入到科学的领域中去呢？"

现代科学从 17 世纪开始，就一直否认超距作用，认为除非两个事物通过一种已经被科学确认的力或场的作用，两个事物之间不能完成任何互动。已确认存在的有：强相互作用力、弱相互作用力、万有引力和电磁力等。而在爱因斯坦时代后，将这些力的作用加上了一个限制，就是在光速以下。而即时互动（instantaneous interaction），则被认为是

不可能的。

而占星学界为证明占星合理也在作各种尝试：他们或者认为占星自成体系，完全建立在一种全新的基础上；或者认为真正在占星中有影响作用的是一种现代科学尚未发掘的新的力的形态，虽然未知，却遵守物理规则。后面一种思路甚至和量子物理学家海森堡提出的"量子不确定理论"扯上了关系。

量子力学的发展是在两次世界大战之间。量子力学发现，当一个物理个体的形态比原子还小，处于亚原子状态时，经典物理学的一些理所当然的理论就变得不再适用。大于原子的物体，用经典物理学观点，可以很容易在任意给定时刻确定它们的位置和测量它们的动量。而小于原子的物体，则不能。

这种测量对于 20 世纪以前的经典物理学非常重要，因为如果一个人可以测量出宇宙中所有物体的位置和动量，那么通过推论就可以确定所有物体过去的情况和未来的情况。这个理论就是所谓的"决定论"（determinism）。在这种理论基础下，任何无法确定的事物，例如自由意志与自由选择，都是根本不可能存在的。很多大力抨击占星术的人，说它强调定论、命运，否认自由意志与自由选择；可是物理学上这个更加过分的完全抹杀自由意志与自由选择的理论，却并没有多少人提出过质疑。

但是实际上，当物质形态处于亚原子状态，例如光子、电子形态时，人们就会发现，在某一个特定时刻，或者可以确定它们的位置，或者可以测量出它们的动量，但绝不可能同时做到这两点。如果要测量动量需要改变其位置才可以做到，反之，需要确定位置则必须动量有改变。经过长时间的反复努力，科学家们终于明白，这种无法确定并非是技术条件达不到所导致的，而是这两点绝不可能同时做到。事实上，即使在理论上，这两点也无法同时做到。这一点，就是物理学上著名

的量子不确定理论，或称之
为"测不准原理"（图 2.11）。

经过一番推理计算，海
森堡指出："在位置（x）被
测定的一瞬，即当光子正被
电子偏转时，电子的动量（p）

$$\Delta x \Delta p_x \geq h$$
$$\Delta x \Delta p_x \geq \frac{\hbar}{2} \quad —海森堡$$
$$\Delta x \Delta p_x \geq \hbar$$

图 2.11　测不准原理

会发生一个不连续的变化，因此，在确知电子位置的瞬间，关于它的
动量我们就只能知道相应于其不连续变化的大小的程度。于是，位置
测定得越准确，动量的测定就越不准确，反之亦然。"

量子不确定理论，摧毁了经典物理学的"决定论"的理论基础。
它虽然没有直接证明自由意志的存在性，但它也并没有否认自由意志
的存在。作为自然科学基础的物理学定律是这样的，星相学当然也可
以是一种在某种影响下的"决定论"。

实际上，随着科学条件的成熟，实验结果显示，粒子的运动真实
地遵循了海森堡理论。粒子之间并不是处于所谓的"自由意志"状态，
它们之间存在着即时互动（instantaneous interaction）作用，两个粒子既
好像仍然处于互动中，又好像它们的活动已经以超过光速溢出。因此
有人提出一个理论，事实上粒子一直处于一种联系状态，因为它们实
际上并不存在于任何特定位置。这就是最终的量子不确定理论。它告
诉我们，当两个量子系统处于一个纠缠态时，不管它们在空间分开多
远都不能被看作相互独立的。它的证明对量子力学以及量子信息科学
都具有重要意义。

而星相学家则据此认为：那就是说瞬间即时信号可以真正实现超距
作用，从而彻底改变人类的宇宙与空间的概念！简而言之，这种量子
不确定理论，为所有的玄学、神秘学中的神秘影响力提供了一个最有
可能的解释。

也就是说，天上的那些星体，完全可以对我们实施某种"即时信号"的"超距作用"。真的可以吗？

首先，这种理论的研究范围是亚原子状态的量子，我们无法随意将亚原子状态的性质推论到人类行为以及其他一切宏观事物上去。事实上，近代物理学早就认识到，牛顿开创的经典物理学只适合于"低速宏观"的物体，当我们面对原子尺度的粒子世界（也称之为微观世界）时，经典物理学就不能被精确适用了，此时"替代"它的是量子力学，而当我们面对星系尺度的"宇观世界"时，"替代"它的就是爱因斯坦的相对论。

可是占星大师们依然在设想：一些时候，人们的意识与思维的进行方式，的确很像亚原子的量子形态的运动方式，充满了不确定性。不管怎样，量子力学的诞生是科学界的一次彻底革命，旧有科学体系不适用了，一种全新形态的科学诞生了。那么，我们也没有任何必要一定要用现存的科学体系来诠释占星体系，如果你愿意用一种发展性的未来科学的眼光来看待占星，那有什么不可以吗？或者说，占星理论更关注未来（科学）。

其实，即使真的是天体对于我们存在某种影响力，那么，这种影响力是何时发生的？这在占星业界内部都是有很大的争论的。

在占星时，一般是将诞生的时间作为生命的开始。出生图，也正是建立在婴儿的第一次呼吸与第一次啼哭这个时间之上。可是，难道生命不是在精子与卵子结合的时候就已经开始了吗？因为占星师可以用"星体力量在受精卵结合时期对它的基因组对产生了具有持续性的影响"来解释。

更加不可理解的是，如果从出生时间来解释，那么一个人一旦出生之后，他是会一直受到外界环境的影响，而不是仅仅在出生那一刹那。所以，这样下来的结论就是，用出生时间来解释星体对人持续影响力，这根本在逻辑性上就站不住脚。

其次，占星术是属于心理学吗？

在第二次世界大战之后，尤其是二十世纪七八十年代。人文占星术以一种"心理占星"的特殊模式流行起来，它不仅利用占星的手法来对占星对象做个性的评估，而且还会用占星手法来为占星对象的个人发展给一个"路标式"的指引。

这种新形态的占星术。将占星术作为了解个人潜力的一种工具。因此，这种新形态的占星术广泛作为一种人文精神的占星术来被接纳。它既满足了我们想要了解自己的需求，又符合通常的人格潜力的说法。并且在科学的压力下，它有效地避开了"命运解说"的道路，给了求助者一个更合理的求助理由。

但是，人文占星术给出的"标的"解释都来源于占星师的设计。它强调主观个人经历，而并非客观事实。依照这种模式，一切不在这个个人基调控制范围的个人行为之外的客观环境，都无法从出生图推出。所有原来推断事件的论断，全部变成了一种主观心态的影响的推断。

人文占星术看上去与科学更为协调了，但因为人文占星学家也同样使用流年、推进等占星手法，而这些手法，仍然是与科学的理论相违背的。况且，占星术和精神分析学，都是借鉴神话与寓言的方式来说话，探求人意识之外，也就是潜意识的领域。这种探讨的基准，不是来自于自然科学领域，而是独立于人类意识层次之外。事实上，到了这一步，已经非常远离占星术的最初本质。它已经认为，占星术除了影响人类精神，并不影响人类自然属性。

它试图通过客观的试验步骤，寻找占星术与心理学的共同点的努力；这种努力，等同于寻找占星术与客观真实性的共同点。心理学的优点在于，它是通过客观的语言来衡量人的性格特点，而实际上，占星术本身就存在大量的来自于神话、哲学等主观科学领域的衡量标准。

所以寻找共同性，意味着放弃大量主观性，全盘客观性。这似乎就把
占星术变成了"四不像"，既不是占星术，也不是心理学了。

卜卦占星不是离科学越来越远了吗？

为了获得更多的社会和科学的
认可，现代占星术还发展（继承）
出了许多的分支，比如，卜卦占星
术和"日食盘"（图 2.12）等。

卜卦也叫占卜。"占"意为观
察，"卜"是以火灼龟壳，认为就
其出现的裂纹形状，可以预测吉凶
福祸。具体就是用龟壳、铜钱、竹

图 2.12　日食盘

签、纸牌、水晶球或占星等手段和征兆来推断未来的吉凶祸福，为咨
客分析问题、指点迷津。

占星师说，一个日食盘，可以在几个月甚至几年前就预测出未来
发生地震的时间。日食时间指向的事件，是日食发生之后的事件。实
际上，如果地震（日食盘预测的）的确是在日食发生的准确时间发生，
那我们应该有理由怀疑，太阳与月亮相合的影响力，的确有那么一点
科学的依据，应该让我们好好寻找一些科学与占星的联系。但实际上
并非如此。道理很简单，日食起码还可以找到物理现象来标定，而进
入（日食）盘根本就没有明显的现实的对应现象。

卜卦占星学是一门有很长历史渊源的古占星术分支，用来解答特
定问题的一门占星方法。它采用了一些怪异的方式，有时候好像解决
了问题，但它的基础，是建立在一些武断的理论上。一个实际操作者，
好像可以根据自己的想法"随意"作出判断；或是说，他们事先感觉答
案是怎样的，就去从盘中找到适合自己解释的情况。

可是占星师会"自豪地"对你说：我们的占星术，本身就是一个

主观先行的学科。一个正常人的直觉加上占星术本身的符号象征意义，就可以完成的推断，而不是靠什么主观臆断或者什么天赋。

好吧，不需要我们来反驳。让我们来看看卜卦占星师在操作时，强调需要遵守的原则，就可以读出来，卜卦占星是不是包含主观意识了。原则有二：

原则一，最好是向别人提出一个问题，并且让对方来建立盘；这样的准确度远远好于自己问自己问题并起盘分析。

为什么？很简单。是不是一个医生也经常会在生病的时候找别的医生治病？是不是一个律师在摊了官司之后也去找别的律师为他辩护？这就是最直接的一个理由。当然，还不是全部。另外一个原因就是，让别人来帮助你分析卜卦盘，可以更加客观，可以不掺杂进去个人的主观情绪。

原则二，所有提出的问题都需要具备相当意义的重要性。而答案的准确程度和这个提问的人的严肃程度有关。那种分析的极其琐碎详尽的问题是不可取的。并且，通常认为，一个人在正式提问题前先提一个试验性的问题来考验占星师的方法也是不可取的。

我们来解读一下这两个原则吧。原则一就是让别人（占星的对象）先说话，占星师再去确定卜卦的过程和结果；原则二就是，占星师在操作之前，一定要断定占星的对象是"心诚的"，不是来涮你的！

就连著名的占星师也提醒他的子弟和同行们："……询问者遵循提问的规则是非常有必要的；也就是说，他首先应该默默在心中祈祷，全神贯注地用全部的精神来聚集到这个问题上面，以求上天能够允许他通过这个机会来发表自己的疑惑。"

占星是"超自然"的，是一种巫术吗？

我们无休止地争论研究人类潜力的必要性，也许是因为为了让占星更加适合现代社会的主流思想，也许是因为人类潜力的确超出现代科学研究范围。也许，所谓人类潜力是未来的，不可当下实现的东西。

或者说，占星——是灵魂超越物质的一个世界。这似乎有一些"巫术"的味道。在占星学界，巫术被定义为"遵照意愿而导致改变的艺术"。但是，这种"意识"可以改变自然规律，尤其是改变行星运动的思维（做法），似乎违背了"人们认为它应该遵循的"自然规律这种想法。

而占星师们不这样看，他们认为，这仅仅是因为人们在某个特定的时间，在某种特定的文化水平下认识到的自然规律，从来不会并且将来也不会是一个对真理的完全、透彻的认识。所有的这些自然规律都是，并且将会继续是真理的一种近似，不符合现有的系统的现象会一直不断出现。这样我们也许看到某种事物，表面上看起来是超自然的，但是实际上不是这样的。这个，像是在说，你们（科学家）认为的"超自然"实际上只是你们看不懂，或者说是这些现象是"游离"在自然规律周边？

在占星师的宇宙哲学观中，存在着"神性界、创造界、形成界和物质界"。这类似于柏拉图哲学中的"心灵，灵魂和宇宙"。在这种多个世界并存的角度下，超自然的概念就不再是自相矛盾的了。

占星术是某种尚未被人们认识的自然规律，还是说明了我们生存的这个宇宙是同我们想象中大不相同呢？

占星师说：它的唯一的目标就是使用不可思议的技术来探索并且扩大一个人自己的意识。在它的最高的形式里，其目标是接近上帝。

2.1.4 为什么占星术会被逐出学术界

美国科学哲学家库恩认为之所以天文学是科学而占星术不是科学，是因为占星术没有天文学那样解答疑难的传统，而如果没有疑难来挑战继而又能证明占星家的天才的话，即便星相真的可以控制人的命运，占星术也不能成为科学，它只是一门技艺、一门实用艺术，是同古老医学、现代精神分析学相类似的领域。

现代天文学、心理学的迅速崛起和替代作用使占星术成为一个退化的研究领域。在 18—19 世纪，由于占星术理论和方法的"僵直性"，使得占星术被持有某些科学理论的科学共同体排除在科学之外；而在 20 世纪，是科学检验方法让人们相信占星术不是一门科学。如果说在 18—19 世纪是科学中非理性的一面将占星术排除在科学之外，那么在 20 世纪它被阻止在现代科学大门之外，则主要是科学中的理性因素起了作用。

说到星相学被驱逐出学术界的具体原因，我们认为：

第一，古代星相学的出现是建立在四种错觉的基础上的。

（1）所谓的"天球"实际上是不存在的。因为天体与观察者的距离远远大于观测者随地球在空间移动的距离，因此看上去天体似乎都分布在一个以观测者为中心的、半径无限大的球面（天球）上。实际上，天体离开我们的距离是千差万别的。

（2）使斗转星移、太阳运行的天球旋转，实际上是因为地球自转导致的假象。不是所谓天体真正的运动，更不可能是天体按某种"意愿"而产生的移动。

（3）我们看到的太阳在黄道上的移动，则是地球围绕太阳公转导致的假象。实际情况是地球绕着太阳转，而不是太阳在占星术的"意愿空间"运行。

（4）星辰并非镶嵌在天球上，一个星座中的各颗恒星并非真的相邻，它们彼此之间距离遥远，相互间没有任何联系。假想天球构成的恒星组合（星座），只是形成于天球球面的平行方向，而它们的径向距离是没有任何规律的。如图 2.13 是我们熟悉的"北斗七星"，七颗星离开我们的距离分别在 50 光年到 140 光年之间，根本不可能有什么联系。

星座完全是人类为了观察的方便而任意划分的。星座的名称则是人类根据星座的形状或想象出来的形状而任意命名的。它们只是一种任意假定的偶然符号，不可能有任何真实的含义。一个星座被叫做"白羊座"，只是因为组成它的 5 颗实际

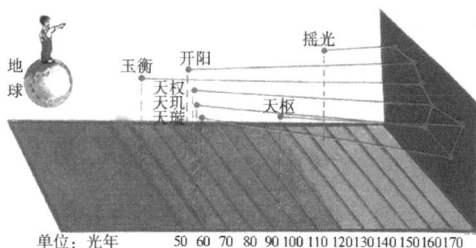

图 2.13　北斗七星各星与地球的距离

上毫无关联的恒星在命名者的视野中看上去像羊，其他星座的命名也是如此。但是，星相却把符号当了真，把人所创造出来的名字倒过来当成了决定人的命运的因素。例如，某网站的星座频道上，这样说道："白羊座的性格，可用坚强来代表。不论面对任何事情，都会全力以赴。白羊的羊角正可用来说明这种个性。""金牛座的性格就像牛一般，态度稳定，处世相当慎重，但在另一方面也很顽固，只要一发起脾气来，往往没有人能够阻止。"这就像因为有人姓"李"就认为他真的和李子有什么关系，因为姓"王"就认为他有当国王的命一样的可笑。而且不同的文明对星座的划分是不一样的，比如我国古代的 28 宿就是一种。所以星座本身并没有任何意义。

第二，星相学认为，你的命运是由出生时各个天体的位置所决定的，而其中最重要的是太阳的位置。如果你是在 3 月 21 日—4 月 19 日之间出生的，星相书会告诉你属于白羊座，因为这时候太阳位于白羊宫。而如果你真的认为你出生时候太阳在白羊宫，那就大错特错了。实际上并不是，如果想满足这个条件，你必须出生在 2000 年前。在太阳和月亮的引力的作用下，地球的自转会发生进动，造成春分点每年向西移动约 50 秒的角度，也即每年春天，星座"升起"的时间要比前一年春天晚 20 分钟，这样，2000 年后，就要晚大约一个月。大多数属于白羊座的人，出生的时候，太阳实际上位于双鱼座；属于金牛座的人，

出生的时候太阳才位于白羊座，以此类推。今天的星空已与 2000 年前的星空大不相同，但是为什么星相仍然在沿用两千年前的那一套进行预测？一些星相家辩解说，星相所说的星座和实际的星座不是一回事。也就是说，他们认为星辰决定人的命运，但不是真实的星辰，而是在 2000 年前是真实的而现在已不存在的假想的星辰。决定你的命运的乃是 2000 年前的天体的位置，这显然是与"人的命运由他出生时的天体位置决定"这一说法相矛盾。

第三，孪生子。最简单也是最流行的（我们在网站、报纸上读到的）星相就是这种日宫星相，把人按其出生日期分成了 12 个星座，并以此预测人的性格和遭遇。莫非人的性格和命运只有 12 种，有史以来在同一个月内出生的亿万人都有相同的性格和命运？连严肃一点的星相家都觉得太荒唐，因此还要考虑到其他天体（特别是行星）的位置，这样，在不同地区、不同时刻出生的人，就有了各不相同的"天宫图"。但是即便如此，在同一地区、同一时刻出生因而天宫图完全相同的人，仍然不少。一个显而易见的情形是孪生子。我们极少发现孪生子会有相同的遭遇（那些有相同遭遇的孪生子会成为新闻，足见其罕见）。不过，孪生子的性格倒是要比一般人更相似，这是否符合星相的预测呢？孪生子分成基因组相同的同卵孪生子和基因组平均只有一半相同的异卵孪生子两种，这两种对星相来说，性格不该有区别。但是统计结果发现，同卵孪生子彼此之间性格的相似程度明显高于异卵孪生子（表明了基因对性格有一定的影响），与星相的预测不符。星相的另一个预测是，同时同地出生的异卵孪生子的性格的相似程度，应该显著高于不同时出生的兄弟姐妹（和异卵孪生子一样，兄弟姐妹之间基因组平均一半相同）。但统计结果也不符合这个预测。命运、性格很不相似的孪生子（特别是同卵孪生子）的存在，是星相无法解决的难题。星相也没法解释，为什么天宫图不同的人，会遭遇同一场灾难。

第四，如同我们前面的分析，是什么作用（力）在影响？星相也无法提供一个合理的物理机制来解释天体对地球和人的影响。除了太阳、月亮，其他的天体特别是恒星，与地球的距离是如此遥远，对地球的任何物理作用（例如引力、磁场）完全可以忽略不计，或者被太阳、月亮的力远远盖过。当然，星相家会假定存在着某种未知的作用。那么这种作用有什么性质呢？它是否和天体与地球的距离有关，越近的天体作用越大呢？如果是这样，我们首先应该考虑的是分布在火星和木星轨道之间的成千上万颗小行星的综合影响，而不是距离更远的其他大行星。如果与距离无关，那么我们必须考虑数也数不清的所有的天体（恒星）。这种作用又是如何在出生的时候作用于人体并使人体永远铭记了这种作用，成了天生具有的属性？

第五，关于出生时刻、影响时刻。我们知道，人天生具有的属性是主要是由基因和胚胎发育的环境所决定的，一个人的基因组在受精的一瞬间就决定了，那么我们首先应该考虑的是受精之时以及十月怀胎过程中天体的作用，而这又怎么可能做到？而且，出生并不是在一个瞬间完成的，而有一个过程，该从什么时候算起，开始分娩、分娩完毕、剪断脐带，还是第一声啼哭？医生或护士根据自己的主观判断在你的出生证上填写的出生时间，并不等于就是你的客观的出生时间，而这些判断上的差异，将会导致十分不同的天宫图。

第六，统计学上的相关性。即使星相没有合理的解释，如果在天宫图与人的性格、命运之间存在着某种相关性，仍然是值得注意的现象。科学研究人员已做过许多项统计，都没能发现天宫图与人的性格、命运等有任何的相关性。例如，1971 年，加州大学伯克利分校普查研究中心收集了 1000 个成年人的天宫图和他们那些被星相学认定受天宫图影响的属性，包括领导才能、政治观、音乐才能、美术才能、自信心、创造力、职业、宗教信仰、对星相是否相信、社交能力和深沉感等。

分析表明，天宫图不同的人在这些方面都不存在差异，因此不能用天宫图来预测。更为关键的是，统计学形成学科的时间晚于占星术之后太多年。

如果星相没有任何经得起推敲的根据，为什么你在阅读星相书籍、星相网站对你的星座所做的性格分析甚至预测你的星运时，你会觉得很准？因为那都是一些模棱两可的几乎可以适用于所有的人、所有的事情的说法，而且都是一些人们乐于听取的好话，即使是负面的因素，也是以鼓励的方式说出。一个著名中文网站的星座频道在11月中旬这一周对白羊座的人的预测是："不要三心二意，要积极抓牢机会，多找些朋友聊天，赚钱的好机会自然容易浮现。出去游玩时，要当心一些意外事件，多多注意安全。"如果赚了钱、没有出现意外事件，那是因为你抓牢了机会，注意了安全；反之，则是因为你没有这么做。像这种预言，在任何情况下，对任何人都可以成立，也就容易让人觉得很准。

相关的"准确性"测试一直在做，最著名的就是1985年在加州大学伯克利分校读物理博士学位同时也是职业魔术师的卡尔森的测试结果。这个结果之所以出名，是因为美国星相组织——地宇研究全国委员会——和他积极配合，而他也满足了他们提出的条件。接受测试的28位著名星相师由该组织挑选、推荐，代表着星相学的最高水平。116名预测对象都是真实存在的人，并且能够提供证据证明其"出生时间"的误差在15分钟之内。对这些人的性格描述采用的是加州人格鉴定，这是被心理学界普遍认可的一种性格鉴定，而星相组织也认为其描述方式最接近星相的描述。

星相师收到的资料中，每一份天宫图都伴随着三份性格描述，其中只有一份是属于天宫图那个人的，星相师被要求根据天宫图将它挑选出来。对星相师很有利的是，对每一次预测他们可以有最佳和次佳两个选择，并用从1到10打分的方式表示星相师的自信程度。对星相师不利的——但是被他们认可的——是采用了双盲的办法，预测对象不与星相师见面，星相师也不知道他们是谁，只得到这些人的编号。

在试验之前，星相组织声称预测的准确率至少会有50％，但是试验的结果却只有34％——这是从三份材料中随机挑选一份也会出现的结果。而且，预测的正确性与星相师的自信程度无关，他们认为最佳的或自信程度最高的选择，并不见得更正确。

1989年6月7日，另一位美国魔术师、著名的兰迪在美国电视上悬赏10万美元征集能够证明自己的预测能力的星相师。一位星相师接受了挑战。他获得了12个人的出生资料，制作了天宫图，然后对这12个人进行面试，指出天宫图各属于谁。他一个也没说中。

我们只能说，偶尔有星相师做出准确的预言并不奇怪，因为即使是一台不走的钟在一天之内也会给出两次正确的时间。只不过人们倾向于只记得了它说准的这两次，而忘了不准的无数次。

2.2 中国的星相学（术数）

在中国，上古时代人们对上天的敬畏，发展到商周时已演变成为"天人感应""天人合一"的思想，即人间的万事万物，都上应天象。天庭也像人间朝廷一样，众星各有职司，各有所象。所以人们可以根据某些星辰的状况，来推测人间将会出现的情况。这种用星象占卜的法术，春秋战国时期开始盛行。它类似于西方国家的君国星相学，主要应用于国家朝廷的军政大事上。实际上，在我国，历代以来星相学一直属于"术数"中的一种。

2.2.1 中国星相学（术数）的起源和发展

无论是从图书分类还是行业分类来说，中国古代的星相学都是属于"术数"的一个分支。

"术数"。术，指法术（方式方法）；数，指理数、气数（运用方法时的规律），即阴阳五行生克制化的运动规律。"术数"为道家之术（所谓阴阳家皆出自道家），而阴阳五行理论也一直为道教所推行，用阴阳五行生克制化的数理，来推断人事吉凶（儒家、佛教都没其理论。儒家所谓"子不语怪力乱神"，故不提倡）；也就是以种种方术观察自然界可注意的现象，从而推测人和国家的气数和命运。诸如天文、历法、数学、星占、六壬、太乙、奇门、运气、占候、卜筮、命理、相法、堪舆、符咒、择吉、杂占、养生术、房中术、杂术等都属于术数的范畴。一般来说，狭义的术数，是专指预测吉凶的法术；广义的术数就包括天文、历法等了。现在，通常所指的术数是狭义的术数。而中国的星相学就属于狭义的术数。星相学（星学大成）被著名的《四库全书》收藏在术数一类之中，其类也包括数学、天文学等。

单独由星占而论，它的主流思维和做法是属于中国古预测术的一部分。所谓预测术，从概念上讲就是对未来发生的事件作某种可能性推测。现代社会的预测，是在认识和经验的基础上，经过归纳和总结，得出的一般规律，从而推断出事物发展的趋势。而中国古预测术几乎不受现代科学的限制，往往置与所测事物相关的经验、信息于不顾，单独把它归纳于某种法则之内，从大的趋势推演出局部的结果。就这一点而论，无论东方还是西方都是如此。

星占的事情很早就有记载。《尚书》中就提到过，早在尧舜时期，尧让住在东方的蒇仲观察东方的星象，让住在南方的羲叔、住在西方的和仲与住在北方的和叔分别观察各自所住地区的星象。据《左传》记载，尧任命阏伯为"火正"，专门观测大火星的运行情况。到商朝，甲骨文中多有关于日月星象的记载，并用星象占卜人事。发展到周朝，星相学的基本内容已大体上被确立了下来，如确立了二十八宿的概念，对五大行星的知识大为丰富，创建了以木星运行轨迹为基础的岁星纪年法和相应的岁太（太岁星）纪年法，改善了天象测计中不可缺少的计时工具漏壶，使星相学发展到一个相当高的水平。不过，从许多的事例记载来看，天事也其实就是"人事"，很多所谓"应天象"的事情都有人为的影子。比如，相传周昭王时期，九月并出，横穿紫薇星座。此后不久，就发生了昭王被淹死的事情。实际情况是，昭王晚年失德，天下诸侯国和百姓大多怨恨他。昭王在南巡途中，来到楚国，欲渡汉水，当地人故意把一条预先粘合起来的木船给他，船到江心，粘合处破裂致使船破，昭王落水而死。昭王南巡淹死于汉水是历史事实，不过九个月亮横穿紫薇星，当是后人伪托，用于证明以天象预测人事之法的灵验。在星相学中，紫薇星是人间帝王之象，月亮为诸侯之象。九月犯紫薇，就是众多诸侯与昭王过不去之象。

春秋战国时期，因为诸侯列国各据一方，互相兼并征战，胜负莫测，所以用不同星象说明地上不同地区之事态变化的分野说产生了。作为星相学中重要内容之一的分野说，是将天上的星宿与地上的地理位置联系起来，按一定区域分配一定星宿的学说。这一学说对后代星象占卜的发展有着深刻的影响（我们后面加以介绍）。战国时期的星相学，以甘德、石申为代表。甘德著有《天文星占》八卷，石申著有《天文》八卷。但此二书今都失传。仅留下只言片语。1973年长沙马王堆汉墓中出土的帛书《五星占》，保存有甘、石两家天文书的部分内容。因而《五星占》就成了现存时间最早的古代星象之书。

占星术在尊天神学和谶纬（图2.14）迷信十分盛行的西汉末年和东汉初年特别流行。谶是方士们造作的图录隐语，纬是相对于经学而言，即以神学迷信附会和解释儒家经书的。由于先秦天命神权、天人感应观念的流行，出现许多祥瑞灾异、神化帝王和河图洛书、占星望气等说法。历史上尤其是出身"卑贱"的统治者经常用这一招，比如武则天、李自成、朱元璋等。在西汉末年和东汉初年出现的大量谶纬图书中，就有不少是记载星象占验的。

图 2.14　谶纬（神学）

如西汉成帝河平元年（公元前 28 年）三月记载："太阳有黑子，即日出黄，有黑气大如钱，居日中央。"这个说的是"太阳黑子"，它的出现被认为是天子违背了上天的旨意。京房《易传》说："祭天不顺兹谓逆，厥异日赤，其中黑。"

关于日食。京房《易传》说："下侵上则日食"，提出要"罢黜百家"。独尊儒术的董仲舒就是一个星象占验家。他在《灾异对》中说："人君妒贤嫉能，臣下谋上，则日食。"刘安的《淮南子》也说："君失其行，日薄食无光。"

关于月食。董仲舒《灾异对》说："臣行刑罚，执法不得其中，怨气盛，并及良善，是月食。"汉武帝把"太一"作为至尊的天帝神，认为天极星（北极星）是"太一"神居住的地方，它旁边的三星是三公（太尉、司徒、司空），后勾四星就是正妃和三宫，而周围的十二颗星是守卫宫廷的藩臣。据说，如果这个星区出现怪变星象（如流星、彗星），朝廷就会发生变乱。为了让汉室长治久安，汉武帝及其他皇帝均举行隆重的郊礼，亲自祭拜太一神。

对于彗星的出现，人们是惊恐万分的。据汉代谶纬书《春秋运斗枢》说：彗星如出在东方，则将军谋王；出在南方，则天下兵起；出在西方，则羌胡叛中国；出在北方，则夷狄内侵。据《春秋》载，鲁文公十四年

（公元前 613 年）秋七月，有星孛入于北斗，对这次彗星的出现，董仲舒解释说："孛者，恶之所生也。谓之孛者，言孛之有所妨蔽，暗乱不明之貌也。北斗，大国象。后齐、宋、鲁、莒、晋皆杀君。"当时占星家把彗星的出现看作是上天对国君的警告，若国君不悬崖勒马，痛改前非，就会国破身亡。

中国古代的星相学就是这些类似的内容，你看到的什么"夜观天象"，就是中国古代研究天象的人们（星相学家）干的事了。而历代以来，"夜观天象"一直都是"专人专营"的（想想为什么？）。

秦、汉至南朝，太常所属有太史令掌天时星历。隋秘书省所属有太史曹，炀帝改曹为监。唐初，改太史监为太史局，嗣曾数度改称秘书阁、浑天监察院、浑仪监，或属秘书省。开元十四年（726），复为太史局，属秘书省。乾元元年（758），改称司天台。五代与宋初称司天监，元丰改制后改太史局。辽南面官有司天监，金称司天台，属秘书监。元有太史院，与司天监、回回司天监并置。明初沿置司天监、回回司天监，旋改称钦天监，有监正、监副等官，末年有西洋传教士参加工作。清沿明制，有管理监事王大臣为长官，监工、监副等官满、汉并用，并有西洋传教士参加。乾隆初曾定监副以满、汉、西洋分用。后在华西人或归或死，遂不用外人入官。

2.2.2 中国古预测术

在这里，我们一定要研究一下"中国古预测术"，因为它才真正是我国的星相学，是国人"天人合一"思想的体现。而且，对于包含占星、卜卦、八字算命、风水和相面之类的"术数"，一直以来人们就存有偏见（也感觉很神秘），更甚者还有"迷信"的思想在里面。我们把它剖析清楚，也有利于大家对天文学的认识和学习。

中国古代预测术主要分为四大类：

1. 相术：相人（面）术、相地术（风水）、相日术（择吉）；

2. 三式：（1）奇门（奇门遁甲）、（2）六壬、（3）太乙；

3. 象占：（1）甲骨卜、（2）星占、（3）梦占；

4. 命学：

（1）星命，包括五星推命、紫薇斗术、九宫八卦遁法；

（2）时辰，包括四柱推命、生肖算命、五行称命；

（3）卦象，包括（a）周易，其中有梅花易术、火珠林占法；（b）灵棋经；（c）太玄经。

古时候的人透过自然界的无数征兆，发现了很多因果规律，如电闪雷鸣后必有大雨，老鼠迁移意味着将有洪水等。这个因果的反复出现，使那时的人相信，在其背后必然潜伏着吉或凶，而征兆就是上天给他们的暗示了。随着文明的发展，那些偶然出现的征兆已远远满足不了他们的需要，主动与上苍沟通求得指点已成为共同迫切的愿望，于是便产生了人为地去产生征兆，定义征兆的行为——占卜。最先被用来与上苍对话的是兽骨与龟甲，即中国最古老的预测方法——甲骨卜（图2.15）。它起源于大约8000多年以前的石器时期，与"结绳计数"有一定的渊源。盛行于商周及春秋战国时期，在唐代以后渐渐灭迹。被其他一些"先进"、结合社会更多的方法所取代。

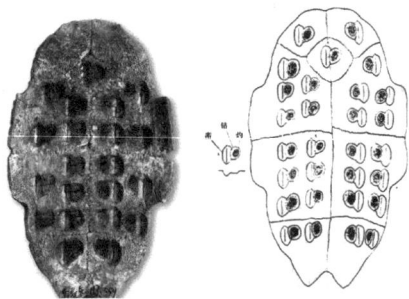

图2.15 甲骨文

在甲骨卜起源的伏羲时期，也产生了我国最原始的文字——刻画符号。自然界的一切无不在先民的刻画之中，而经过筛选与整理的八卦符号，便是留给后代的礼物。也就是天（乾），地（坤），水（坎），火（离），江湖（兑），山（艮），雷（震），风（巽）。随着生产力的发展，以及对于大自然的观察越来越细致深刻，先民们把各类动物、植物、工具等也归纳进了八卦，形成了一卦多义的现象。以后的把八卦两两重叠组合而成的六十四卦，更是融进了自然界，人类社会的万事万物以及先民对于宇宙的思考。在六十四卦的框架上，再配以各类卜验之辞，便成了后人奉为众经之首的《周易》。

要在甲骨上获取兆象，需经过龟甲的整治、钻凿、烧灼等一系列复杂的过程，所得的兆象又是错综复杂而难以识别，而《周易》筮法的出现，说明占卜方法正由复杂趋向于简易。《周易》

图 2.16　《周易》筮法的占具是蓍草

占筮所用的工具为蓍草（图 2.16）。四十九根蓍草在手中按一定顺序操作一番，根据所得之数画出卦象，最后依卦辞、爻辞以及象数、义理等来演绎推断。

从用甲骨占卜到用蓍草占筮，是我国古代预测的一大发展，不仅是预测工具更趋先进合理，更主要的是以八卦这个宇宙框架去推演，将会得到更细致严密的答案。后来，由于五行理论与纳甲等学说相继与《周易》结合，使"易家"人丁兴旺起来，派生出了许多新的预测方法，诸如纳甲筮法、范围数、铁板神数、梅花易数等。其中纳甲筮法与梅花易数对后人的影响最大。

纳甲筮法也称为"火珠林法"或者"六支卦法"。纳甲筮法的筮具最初用的是蓍草，到了南北朝时期，就被三枚钱币所替代了，所以起卦的方法也更加简单易行。梅花易数相传为北宋的邵康节所创。它依据"万物皆数""万物类象"的原理来起卦与推断，所以起卦方法灵活多变，时间、方位、物象、声音、色彩等皆可随手拈来断卦，更强调耳、目、心的运用，把断卦之际的一切外界信息都纳入卦中作为参照物来进行占断。

预测术中的星占术是通过观察天象来预测人事的一种占卜方法。在科学文化落后的远古时期，天对于先民们来说是个充满神奇与迷幻的世界，在它的面前，人显得无比渺小，因此天首先成了先民的崇拜对象，并认为世间所发生的一切都是天意的反映，而天象的变化也预示着人间的凶吉祸福。星占术起源于原始社会的帝尧时期，而春秋战国则是它的发展与成熟阶段，这在《左传》《国语》等史籍中有大量的记载。由于阴阳五行的参与，星占术也变得如火如荼起来，相继出现了与人的生辰八字相配合的五星推命法、紫薇斗数。就连我国古代最有影响的预测术——八字推命也不得不借用一下它的势力。

五星推命术据说为密宗师传，所以被称为密宗星学。它是从人的生辰八字与出生地的分野入手，找出身宫与命宫，再根据身、命宫与日月、木星、火星、土星、金星、水星等"七政"的相会状况来考察人一生的命运。

紫薇为北极三垣之一的中垣，由于北斗和五星（北斗指北斗七星，五星则是处于中垣的五颗"极星"。即：北极星也称北辰星，是众神之本，北极为不动之星；中极星也称上极星，是最居天之中；东方少阳，名为东极星；西方少阴，名为西极星；南方太阳，名为南极星）皆在此垣，所以在占星者的眼里具有异乎寻常的地位。用它来作为参照坐标，把生辰八字与五星占命所用的定官、排星、排流年、定局等方法糅合起来而观察日月星辰所赋予人的"气"。

就在星占术处于鼎盛之际的春秋战国时期，又出现了"所谓"三式的太乙、六壬和奇门遁甲，它们的共同特点就是用"式（盘）"来预测。"式（盘）"是我国古代天文占修、推算历数的用具，后来被运用于占卜。"三式"之中以六壬最古，在《吴越春秋》中已经有了伍子哥占课的记载。五行之中以水为首，十天干中的五癸皆为水，其中五为阳水，癸为阴水，舍阴而取阳，所以称为"五"，而六十甲子中有五申、五牛、五展等六个，所以命名为六壬。六壬共有七百二十课，总括为六十四课体，用刻有天干地支的式盘（图 2.17）来占课。

图 2.17　式盘

奇门遁甲在"三式"中是影响较大的一种。它最早的记载，见于《后汉书·方术传》序："又有风角、遁甲、七政……之术。"此法起源于西汉时解释《周易》经传的缔书之一《易纬·乾凿度》中的太乙行九宫法。之所以称为奇门遁甲，是因为十天干中，乙、丙、丁"三奇"，而休、生、伤、杜、景、死、惊、开为八门，所以称为"奇门"；遁有隐藏的含义，"甲"指六十甲子中的六个旬首：甲子、甲戌、甲申、甲午、甲辰、甲寅，"遁甲"是指十天干中最为尊贵的"甲"隐藏于戊、己、庚、辛、壬、癸"六仪"之中。它的演算工具就是天、门、地三式盘（也有称为天地人三式盘），天盘刻有"九星"，中盘刻有"八门"，地盘排布"八卦"。这样根据具体的时日来排局，形成了一个时间、空间的立体占测框架，给人提供趋吉避凶的时间与方位。

太乙占卜术也源于《易纬·乾凿度》中的太乙行九宫法。它与六壬、奇门不同的是以预测自然灾害、战争等国运为主，所以为历代统治者所重视。

相术也是中国古代预测学的重要组成部分。根据对于不同事物的观察，可分为相人术、相地术、相日术三种。

手、面相术是我国古代"天人合一"、人与自然对应全息观念的集中反映，在其专著《麻衣神相》中有这样一段论述："人禀阴阳之气，肖天地之形，受五行之资，为万物之灵者也。故头像天，足像地，眼像日月，声音像雷霆，血液像江河，骨节像金石，鼻额像山岳，毫发像草九天欲高远，地谈方厚，日月欲光明，雷霆欲震响，江河欲润，金石欲坚，草木欲秀……"这段文字虽说比较牵强，但也道出了相人术的理论依据及评判准则。

在具体的观察中，更是把宇宙这一大天地微缩在人这一小天地中。五行、五方、八卦、天干、地支皆被搬到了人体之上，把它作为观察的坐标。

相人学在我国也有着比较悠久的历史，最早的史料记载可以追溯到春秋战国时期。《左传·文公元年》："王使内史叔服来会葬，公孙敖闻其能相人也，见其二号焉。"而现存有关相人的专著，最早的要数王充《论衡》中的《骨相》篇。以后陆续有《月波洞中记》《太清神鉴》以及后世的《麻衣神相人》《柳庄相法》《相理衡实》等。

相地术，也称"风水""堪舆"。用现代的语言给它下个定义就是通过观察住宅或坟地的地势、方向、组合等诸因素，来推断人吉凶祸福的一种占卜方法，它分为阴宅风水与阳宅风水。阴宅指坟墓，阳宅指生人居住的房屋。古人的说法是："葬者，乘生气也。气乘风则散，界水则止。古人聚之便不散，行之便有止，《经》曰：故谓之风水。"这段话的大意是：人死下葬，首先要凭借有生气之地。经书上说：生气随着风吹则散，遇到水就停止了。故应设法把生气聚合而不让它流散。不论是阴宅阳宅，风水就是根据这个原理来营造房屋。

在旧时，人们无论做什么事都要翻翻黄历，看看哪一天不宜婚嫁、哪一天不能迁居、哪一天上了梁会给家庭带来不和、哪一天理了发会使人倒霉等。这就是根据黄道上的六大星的运行来划分吉凶之日。六星分别是青龙、明堂、金匮、天德、玉堂、司命。遇上这六星值日，就比较吉利。择吉的方法很多，除了上面六星配日之外，尚以"建""除""满""平""定""执""破""危""成""收""开""闭"等十二星与日期相配合的择日法。在清乾隆年间，官方还制订了《协纪辞方书》三十六卷，使择日之法有了统一的准则。

"从古非一，而梦为大"。讨论中国古代预测术，那必然要涉及梦占，因为上至帝王将相，下至平民百姓，人人都被梦魂萦绕，可以说自占梦术产生以来，从来没有被冷落过，而西方心理学家弗洛伊德的梦学理论的推出，在某种程度上也佐证了中国古代的梦占理论。我国的祖先很早就研究梦，殷墟个辞中就有这样的记载："庚辰卜，贞：多鬼梦，不至祸？"但是，梦占是无论如何也难以和我们要讨论的天文、"天人合一"沾上边的，所以这里就姑且作罢。

在中国古代预测术中，最普及与深入人心的莫过于用生辰八字来推断人寿夭、贵贱、吉凶、祸福的四柱推命术。在孩子尚未成年的时候，父母就会拿他的八字找算命先生算一下，看看今后的命运如何。以后遇上科举及第、婚姻嫁娶等重大事情，则又要将八字反复玩味一番。有了这样广阔的市场作为动力，所以历代研究它的人趋之若鹜。它后来成为一门极其深奥与烦琐的学问，也正源于此。

对于生辰八字的来历，也是众说纷纭。据说它初创于战国时期的路碌于、鬼谷子，由于没有确切的史料作为支撑，也只能作为传说而已，有文字记载可以见其端倪的，要算是《白虎通义》与东汉王充的《论衡》。但真正把它作为一个独立系统推出的，是唐代的李虚中，因为李虚中把《路碌于》中算命的以年为准发展成了以出生年、月、日三柱作为依据的推命方法。后来，经过五代的徐子平加以推衍，这才形成了今天我们所看见的以年、月、日、时的天干地支作为参数的四柱推命法。此术经过后人的不断充实，日趋严密与普及，到了明代，已成为家喻户晓的习俗。

八字推命所依据的就是阴阳五行的原理。古人认为，世间万物的发生、发展与变化，都是由于阴阳二气互相交感的结果。而五行就是阴阳二气相互作用过程中赋予世间万物的五种元素。而这五种元素之间也发生着相生相克的运动变化。由于有了这五行相生相克互相作用，才使得天地万物得以平衡协调。而人作为万物之灵，同样也受到这五行生克的制约，所以，天干地支所代表的八字一旦与阴阳五行挂上了钩，就不难理解生辰八字为什么也被用来推断人的命运了。

而根据五行又可以找到它所对应的春、夏、秋、冬四时，东、南、西、北、中五方，这样便产生了一个立体的时空构架。在这个时空构架里，五行的相对平衡，表现在人事上则是顺遂吉利；五行的生克关系如果失去协调，在人事上则为逆涝灾祸。根据日的天平与其他七字的五行生克关系所推演出的"正印""偏印""比肩""劫财""伤官""食神""正财""偏财""正官""七杀"十神，又为五行与人事之间架起了一座桥梁。家庭、婚姻、官运、财帛等尽纳入其中。为了能够推算出人的疾病损份，五行所代表的天干地支又与人体的五脏器官建立了联系。

尽管有了以上诸多的因素作为参照，但是还满足不了人们的期望，于是占星术中的"神煞"以及六十甲子与五音十二律结合而成的纳音五行也被引进其中。由此可见，四柱推命术相当博杂烦琐。除了以上所介绍的各类利术之外，尚有一些流传于民间，而又没有形成系统理论的占卜方法，我们暂且把它总称为杂占，如求签、测字、诸葛神数、耳热占、眼跳占、扶乩等，虽说比较简单粗糙，但也是中国古代预测术的组成部分。

综观古代预测术的谱系，我们不难发现，尽管其门户林立、派系纷呈，但一旦把它置于"天人合一"这个我国古代哲学模式之中，都有着惊人的相似之处。"天人合一"的思想认为，人为天地合气所化生，所以人必然与天地这个大宇宙相对应，是大宇宙的缩影，大宇宙一有风吹草动，人这个小宇宙也不可能风平浪静。而随着以后阴阳五行元素作为媒介参与其间，大小宇宙之间的关系更加丝丝入扣了。从五行推演出东、南、西、北、中五方以及春、夏、秋、冬、长夏（黄帝内经中对四季的关联到五脏的一种时间表示方法，指夏季三个月中的最后一个月。长夏主脾脏）五季，只要这诸多的因素有一发生变化，则牵一发而动全身，产生同类相动的效应。推而广之，不仅大宇宙与小宇宙会产生同类相应，而且小宇宙与小宇宙之间所对应的方面也会产生相互感应的关系，用这个理论去解释中国古代所有的预测术，都会无所不通。而所有的预测方法只要能符合这宇宙模式，都能够"弥纶天地之道"。这就是中国古代预测术得以生存的理论。

2.2.3　察言观色套路很深

《周易》《素经》乃至《奇门遁甲》这些书，存在的意义并不是为了帮人算命，它里面记载的都是哲学，是通天彻地之谋，改朝换代之术。术数，权谋，机变，才是它的真谛，像兵法之流也不过是发挥余热的产物罢了，何况是帮人算命。

这样说吧，像诸葛亮、刘伯温这样的神机军师，你能想象一下他们在街头巷尾摆个摊帮人算命吗？因此我们一般人口中所谓的算命先生（图 2.18），其实无非都是骗子。

为什么这样说？这不是旁人的评价，相士自己就说：收钱占卦，耍的是嘴皮子，玩弄的是人的心理。凭借的是口口相传的经验以及在江

图 2.18　算命先生

湖中多年摸爬滚打的阅历。其实说到底，算命只是一种依附于玄学，利用广泛存在于人们心目中的宿命论来进行营利的商业活动，或者说得再简单一点，它其实就是一门生意、一项技能、一个行业。

　　这是在研究人们的心理？

还别"高攀"，他们还有别于心理学家，他们若要懂得并能运用心理学，那肯定得有读书的本事。哪怕真的能把《易经》《紫薇斗数》或是《六壬》这类书读懂了，也就不必再动算命谋生的心思了，届时天地广阔，英雄自有用武之地。

　　由此可见，相士是一个讲究师承，注重传授的一个职业，他们看中的是派系和规矩，有着看似松散实则严密的行业划分，或者换句话说，他们其实就是另一种形式的黑社会或者称之为"江湖"。

　　一般来说，想靠算命挣钱，那就得先入行拜师，三五年之后如果师傅看你学徒期间表现尚可，还算是这块料，就会慢慢传授你一些识人相面的技巧，通常，老师所教你的，分为五门功课，江湖黑话分别叫"前棚""后棚""悬管""炳点"和"托门"。

　　"前棚"，说得明白一点就是你招揽客户的手段。你要能运用一些心理技巧来引起人的注意，进而让他相信你，最终心悦诚服地坐下来求你为他占上一卦，这可是门大学问，绝对不像是电视上所看的"这位施主，贫道看你印堂发黑，七日内必有血光之灾"那么简单。算命先生只有先掌握了"前棚"的技术，才能够源源不绝地吸引客人，进而挣钱糊口。

　　"前棚"的事儿完了以后，就是"后棚"。这门功课同样重要，"前棚"

只能决定你能不能留住客人，而"后棚"则直接决定你有没有本事挣钱，通常"后棚"开场的第一句话都是要钱，但这钱要的却让你挑不出理，算命先生在这时候说的话大意都是既然你我有缘，我就破例为你占上一卦，但是这个卦不能白起，你得给"相礼"，就是钱，但是这个钱我不拿，你就放在桌子上，先听听我说的对不对，如果对了，这钱归我，咱们继续往下说，如果不对，你拿钱走人，我分文不取。不过但凡算命先生能走到这一步的，大抵都是有点本事的，而这放在桌上的钱，只要你的"后棚"功底扎实，能从这人的脸色上分析出点门道来，进而说出一些虚虚实实模棱两可的话，基本上你这第一份钱，也就算是赚下了。

"悬管"是后棚之后的事儿，一般在走完"前棚""后棚"的手续之后，算命先生只要拿捏得好，那么在挣下第一份钱的同时，也会让你越发地信任他。但是一般算命先生在一个人身上又绝不肯只挣一份钱，因此这时候就要使"悬管"，也就是通过一些事情旁敲侧击来诈你，进而要钱。

"后棚"挣下的钱，行话叫"头道杵"。这是第一份钱。"悬管"是"二道杵"，一个能充分把握人心的算命先生，在经历了"前棚"和"后棚"之后，基本上对你就是了如指掌了，那么在此基础上，再由他打着命理的旗号来诈你一把，无论如何你都会相信的。你会因此由最开始的信服变得急迫，从而再掏出一份钱求对方为你解卦，这个过程就是"悬管"。

再往后是"炳点"。理论上，这个钱挣得最没难度，因为在这个时候，算命先生的客户基本上都是处于一种焦急和紧张的状态，在这种状态下，你说什么他都信，经历过"悬管"的一诈后，算命先生拿了"二道杵"的钱，会满意地点点头，然后看着你说要解救也不难，只是……，说到底，还是要钱。你若这时候觉得不妥，他就会拿出先前你给他的卦钱退给你，装作大义凛然的样子，如此一来你又不得不信，然后他就会语重心长地说，前两份钱是卦钱，这一次的钱，是打点各路神仙，消灾解难的钱。通常来讲，这份钱就是"绝后杵"了，意思就是要完这个钱之后，这单生意就做完了，你按照他给你的破解之法走人。他喝口茶润润嗓子等下一单生意。

但是在此之前，还有一门功课不要忘记，那就是"托门"。这门功课基本上是一个善后工作，大意为叮嘱算命之人不要对旁人说起，如果违反了之后可能会不灵诸如此类的话，为的是把自己先择干净，以后即使不灵验了也有推托之词。因为毕竟自己还要在这儿长干下去，打一枪换一个地方有失天师（半仙）的风范。

做相士要达到最高境界就必须要懂得、精通行业里的行为准则。总结成文字就是那著名的"三篇"——《英耀篇》《扎飞篇》《阿宝篇》。其中，《阿宝篇》是讲骗人骗财的规矩；《扎飞篇》是具体装神弄鬼，起课占卦的依据；而《英耀篇》可以说是"三篇"之中的精华，是行业里"秘不外传"的心法和口诀。不过，其中包含了许多的人情世故、经验伦理，值得看看。

顾客一进门，就要观察他怀着什么愿望和心事。你如果揣摸不透，就不要乱讲，只要一开口，就要用一套有组织、有层次的发问来对付顾客，问话的语气要严肃而急促，切忌犹豫不决。一犹豫，顾客就不相信你了。

父亲来问儿子的事，必是期盼儿子富贵。儿子来问父母的事，肯定是父母遇上了倒霉的事。妻子来问丈夫的事，面带喜色者丈夫飞黄腾达，面露怨色者不是丈夫不争气，就是丈夫在外嫖赌或包养小老婆。丈夫来问妻子，不是妻子有病，就是妻子不能生育。读书人来问的必是前程，商人来问的必定是近期的生意不太好。

顾客多次问到某件事，必然是在这件事上有缺失；多次问某件事的原因，肯定是这件事上事出有因。

顾客若是面带真诚地说自己慕名前来求教，那他一定是真心来算卦的。顾客若是嬉皮笑脸地说看我贵贱如何，这人若不是有权有势的人，就是故意来捣蛋的。有些富人会冒充穷光蛋、穷人会假充阔气来试你的本事，你得凭自己多年的经验看穿他们的小把戏。

和尚、道士纵然清高，内心却从来不忘利欲。在朝廷做官的人，即使心中非常贪恋禄位，却反而喜欢谈论归隐山林。刚刚发了家或做了官的人，想头很大，非常嚣张。长期困顿或郁郁不得志的人，一般说来是不会有多大志向的。聪明的人，因高不成低不就，或眼高手低而家庭贫寒。没什么本事的人，却因为专心做事不变迁，手中从来没有缺过零花钱。看上去非常精明的人，大多是白手起家的能人。看上去老老实实的人，只能一辈子给人家当伙计。家道中落的人，虽衣服破旧，却仍然穿鞋踏袜。暴发户则喜欢穿金戴银，以炫耀自己的财富。神色暗淡、额头光亮的妇女，不是孤妇就是弃妇。妖姿媚笑的，不是妓女就是富人家的小老婆。满口好好好，定是久做高官的人；连声是是是，出身一定非常贫寒。面带笑容而心神不定，家中肯定有了不幸；言辞闪烁而故作安详，必然是自己的罪行已然暴露。怯懦无能的人，常受人欺负。志大才疏之辈，有志难伸。虽才华横溢但性子倔的人，不遭大祸也必大穷。太平之时，国家看重文学之士；乱世之年，草莽英雄定然吃香。人在闹市居住，只能从事工商业糊口；人在农村生活，不得不靠田地养家。

再说到算卦的方法，大致有敲、打、审、千、隆、卖等几种方法。

敲，是用一些看似不相干的话旁敲侧击，以探听顾客的虚实；打，是突然向顾客发问，让其措手不及，仓促之间流露出真情；审，一是通过观察顾客的着衣、神态、举止来推断一些事情，二是从顾客说出来的话中推断未知的事情；千，是用刺激、责难、恐吓的方法，让顾客吐

图 2.19　刘伯温

出实话；隆，是用吹嘘、赞美、恭维、安慰和鼓励的手段，让顾客高兴，不由自主地把自己的事说出来；卖，则是在掌握顾客的基本情况后，用从容不迫的口气——道来，让顾客误以为你是再世的刘伯温（图 2.19）。刘伯温是元末明初军事家、政治家、文学家，明朝开国元勋。民间谚语是这样说的："三分天下诸葛亮，一统江山刘伯温；前节军事诸葛亮，后世军事刘伯温。"

在算卦时，可以根据情况而灵活运用各种算卦方法。譬如说，打要急，急打往往奏效；敲要慢，漫不经心地敲才能多方位取得信息，最后达到目标。隆、敲、打、审几种方法并用，通常会收到出人意料的效果。顾客要算兄弟如何，可先敲问一些他父亲的事，从他的答话中审出他兄弟的情况，得一而知三嘛。一敲之下就得到了回应，不妨趁势敲下去。再敲的时候顾客不愿说了，可改用别的方法。

十千（吓）九响（成功），十隆（吹）十成。

先千（吓）后隆（吹），无往不利；

有千（吓）无隆（吹），帝寿（愚蠢）之材。

所以说：无（千）不响（成功），无隆（吹）不成。

作为"现代人"的我们，看到这些，只能是"呵呵"一笑，也要竖个大拇指，赞叹他们的"相人"之术！

2.3　"命理思维"是人类的本性之一

生有时，死有序。尽人事，顺天意。

似乎这就是我们中国人的"人生哲学"。根植在骨子里的"命理思维"，一种天然的"天人合一"！

命理思维（学）很大程度是建立在对自由命运的认识上，西方基督教文化中，认为上帝是无法捉摸的，只能猜测；而中国式的主宰者更接近于天道，所以孔子说"天何言哉，四时行焉，百物生焉"，似乎是有迹可循的规律。

在西方人看来，在宇宙的上面还有上帝。上帝不依赖宇宙的规律，上帝自己制定了这些规律，但是每时每刻都可以改变。人类无法准确揣度上帝的心思，上帝想做什么人类无法计算。而且计算推测上帝的想法，有可能涉及原罪，要背负着一种道德负罪感。西方人认为还是不要犯罪了。另一方面，上帝送给人类这种类似礼物的意志自由，让我们不要超过它的意志。但正是这一点点"意志自由"让西方的占星术一直流传下来。

传统中国没有至高无上的上帝，只有神，而这些神都服从宇宙（上天）的规律。所以中国人可以用计算（推算）的方式来考察这些规律与个人的关系。这方面又涉及一个道德的问题。人一旦了解了宇宙的规律，就能提高自己的道德感。按照朱熹的说法，占卜也有好处，这种好处不仅在于能够知晓个人命运，也在于因自我对宇宙的了解而提升了自身的道德地位。

2.3.1 从占星术的盛衰来看宿命论和决定主义

科学对生命有价值，但是科学不能满足生命所要求的一切。这就是人们对命理学感兴趣的最重要原因。由此则产生了关于人生的宿命论和决定主义。而宿命论和决定主义还是有差别的。决定主义能让人们认识到我们的知识有限，但决定主义并不排斥人类测算自己的命运。因为我们承认自己的知识有限，达不到认识的最高层次，但是在这些有限的知识里，我们能够根据一些现象，多少猜出我们的命运。宿命论则不管这些，对技术预测是绝对否定的。

命运虽然不在自己的手上。但不管是西方的决定主义还是东方的决定主义，都不完全排斥人类对命运的测算和占卜。就像古人说的"尽人事而听天命"。实际上，这就是"听天由命"的宿命论和带有一些科学思维的决定主义之间的博弈，这从西方占星术历史上的两次衰败也能够体现出来。

占星术陷入第一次没落，其根本原因是罗马帝国长期遭受战乱，这个时期的欧洲和中亚没有一个强有力的政权来统治，封建割据引起的战争，使各类人文科学发展停滞，荒蛮民族虽然占据了帝国的领土（西罗马帝国和部分东罗马帝国的领土），但无法理解和掌控帝国的大量科学技术（当时的占星术属于科学，是和天文学"共体"的）、政治架构和先进文化；罗马人把大量精力放在法律和工程技术等事物上，只有少数人愿意在这种环境下探讨古希腊人们所倡导的文学、哲学，加上教会的大力发展，这一时期的占星术文化没有得到大力支持和传播，在专业上没有取得较大突破，而且它的反对声音因为基督教还增加了许多，陷入了第一次没落。

占星术的第二次没落主要是理性主义和科学革命的出现，从哲学的根本与科学的根本挑战了占星术，这一说法是没有问题的，但是挑战一词把两者的矛盾性描述得有些严重了。其实占星术从起源至今一直都有无数人在反对，在两次鼎盛时期，都有很多哲学家和相关社会人士提出反对意见，并找到各种理由来进行抨击，而且从罗马帝国开始有一些君主会迫于政治等其他因素的压力驱赶、囚禁、残害占星师。但需要明确的是，并没有确切的历史能够证明这样的法令的执行力度之大或持续时间之长，就像公元 52 年，克劳狄皇帝的元老院发布法令将占星学家全部驱逐出意大利，但却没有实际效果，因为信奉占星术的人数众多，法令实行起来比较困难，其实只要不有过分的言论，社会对于占星术的态度一直都是支持与反对共存的。

因此，科学对于占星术本身的冲击并没有想象中那么大，就像哥白尼用日心说表达出对占星术的势不两立后，许多人依然相信占星术，甚至有一小部分人根据日心说发展出新的占星术，占星术依然处于第二次鼎盛时期。而占星术的第二次没落，其实是社会发展的必然结果。社会发展不单单指的是科学的发展，而是人们本身思想的提升。占星术的第二次鼎盛是因为那时候人们缺少一些理论依据来解释那些未知的事物，所以占星术成为不可替代品。但随着天文学、地理学、医药学、生物学等科学的快速发展，人们对其接纳与理解的能力越来越高，并且强调实验科学，也就是通过实验来证明科学结果，而此时占星术的很多理论便显得尤为"荒谬"了。古典占星术的使用方式不再被人们所认可，因为天文学的高度发展使人们对行星都有一定的了解，一切不再那么神秘，占星术与天文学也逐渐分离开来。天王星等行星的发现也对占星术的理论产生了一定的冲击。研究占星术的史学家也说：（占星术）这一学科的大部分都是自然死亡的。教士和讽刺文章的作者一直把它追打进了坟墓，但是科学家却没有出现在它的葬礼上。

这段话对占星术的没落原因表达得十分贴切，只是"死亡"一词有些夸张了。占星术的没落是自然淘汰的结果，反对者只是一路追打，并没有起到实质性作用，而科学家们只是没有支持占星术而已。

2.3.2　西方现代占星术何以（再）流行

20世纪，没有一门学科像占星术那样在沉寂了两个世纪后，又重新活跃了起来，并被占星家们要求纳入到科学中。300年前，占星术同炼金术都因科学的兴起而衰落，但炼金术继续沉寂着，而占星术却在20世纪以来几乎渗透到了我们生活中的很多方面，有时还颇有影响。

让人们感到困惑的一个问题是：一方面哲学家和科学家对占星术群起而攻之；另一方面社会上相信占星术的人数却越来越多，尤其是对知识有着开放心态的青年人。

这里最重要的原因，是西方现代占星术已经不再像古典占星术一样鼓吹宿命论哲学，在经历了科技革命和理性启蒙的思潮后，它对自身进行了重塑，理性与灵性的双重面孔契合了现代人特定的心理面向，这使得它一扫古典时期以来的颓势，在现代社会多元的文化格局中获得发展的契机。

20世纪的科学达到了其完美的巅峰状态，它不仅给人类带来巨大的物质革命，同时由它建立起的信仰动摇了人们传统的信仰。其结果是造成人们从对科学的日益信赖发展到科学无所不能。然而这种信赖在20世纪初被发生在欧洲的第一次世界大战深深刺痛，这场战争的毁灭程度能如此之大被认为是科学的原因。这首先在西方国家里引发了对科学的悲观浪潮和对传统精神的回归渴望。正是这时，占星术突然在西方的国家复兴了起来，显然这种复兴反映了人们对以物质为中心的科学的失望并认为物质科学难以替代人类的精神需求。

而现代占星术无论是从它的逻辑起点和运作模式都契合了这种社会和人们的改变。

占星术的逻辑起点是肯定人和行星之间的必然联系,在生命诞生的初始,就与整个宇宙的韵律产生交感。这种交感何以可能?占星学界主要有以下两种诠释途径。

1. 因果律的途径

遥远的行星如何影响人类的情绪及行为?因为在人和太阳系之间存在着维系平衡的(某种)场,当行星的位置改变,场会产生各种变化,它足以影响人类的神经系统,从而影响人类的行为。比如,婴儿诞生之时,新陈代谢达到峰值,正是行星的位置和角度激发了这个巅峰时刻的到来。如果因果律的构架为学界认同,占星术会进入实证科学的领域,成为某种形式的宇宙生物学,但这并非占星学界所愿,因为这会让占星术强调的灵性面向失去根基,占星术也将失去自己独有的品格。所以,占星术一直被笼罩着一层迷雾。

2. 共时性法则的途径

共时性法则的简要阐释就是:在某个时刻诞生出来的东西或做出的行为,不可避免地一定会带着那个时刻的特质。共时性法则不属于因果律的范畴,它是超验的,不言自明的。因为宇宙如果是一个完好的整体,就没有任何东西可以导致另一个东西了。人与宇宙无条件地协同共济,宇宙宏大且完整的秩序降临在人类身上,占星师透过星盘得以解读这种秩序,并告知个案如何通过这个秩序整合自身的能量。以此把没有原因的秩序作为占星术的逻辑起点,占星术强调了它的玄学身份及灵性面向。

无论用何种学说来阐释占星术的逻辑起点,其目的都是为了证明人和宇宙之间存在交感,不仅在生命诞生之时,而且在整个生命周期之中。基于这种交感,占星术何以给现实生活带来启示?如何把人和宇宙之间的交感阐述出来,进而让人"顺天而为"?

占星术依凭象征体系。对于某时某地诞生的某个人,占星师首先会绘制此人的出生星图，而后对星图进行阐释，这种阐释必须是完整的、成体系的、有主线的，而不是对此人破碎的、片段式的描述，这就要借助一套完整的象征体系。

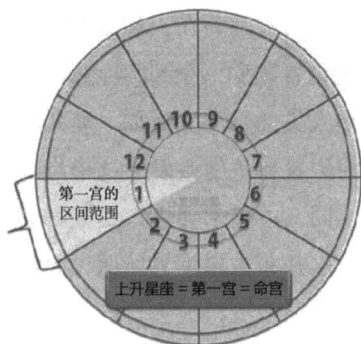

图2.20　上升点是东方地平线太阳升起的地方

十二星座、十颗行星（太阳、月亮加上除去地球外的八大行星，占星术承认冥王星是大行星）、十二个宫位以及在此基础上衍生出的其他符号共同构成这个象征体系，占星师的首要任务就是"转码"。例如，在某人的星图上，太阳落在天秤座，月亮落在水瓶座，上升点（图2.20）在白羊座，占星师有可能会如此阐释此人：此人是一个艺术家，

有着天才的灵魂，带着战士的面具。太阳、月亮、星座，这些宇宙的星体，借助象征体系，投射成为一个人生命的不同面向，太阳象征着这个人是谁（天秤座的人有艺术家的气质），月亮象征着这个人的感受（水瓶座代表着智慧），或者说情绪类型，上升点代表这个人在日常生活中呈现的面貌（白羊座是斗士）。不同的星座象征着不同的人类形象（原型），比如，天秤座代表的原型是恋人、艺术家、调解人，这里的恋人、艺术家、调解人不作为具体的人存在，而作为不同的性格特质存在，或者说不同的气质类型存在。

解读一个人的出生星盘非常重要，但不是全部，更重要的是形成宇宙与人之间的互动，从而进行趋势性预测，或者称为成长性预测，通常的模式是，描述某个未来时间星图的特征，进而分析此特征对日常生活的影响可能会是什么，怎样选择才有利于个人成长。此种预测模式和古典占星学的预测模式有很大不同，后者几乎是在下定论或者宣判，而前者试图抹去宿命论的痕迹，更多体现出心理咨询的色彩。

现代人为什么要去占星？明白了这个问题，就能让我们明白为什么占星术能够"再"流行。当今消费文化构建的生活方式往往让人心灵干涸，物质生活、精神生活都被资本逻辑接管，密不透风。从当下的日常生活中抽离出来，抛开理性与感性的统摄，以一种灵性直观的方式面对生命，寻求生命的秩序，正是占星术吸引城市人群的原因。

1. 寻求与自然的联结

城市人群已经不再像远古的祖先那样与自然紧密共生，头顶的星空不再意味着什么，仅仅作为遥远的物质存在，污染的大气与永不停息的通信电波充斥其间，这当然是毫无诗意的。星空下，人的生活被资本逻辑和消费文化俘获，枯燥乏味，人和自然，是疏离的。但是，当人向星星问卜的时候，人和宇宙极其紧密地联系起来，断裂的链条得以修复，除了理性和科技，人似乎找到了进入这个世界的另一个通道，这个通道似乎未经"祛魅"，人和自然天然地联结起来，头顶的星空意义深远，这种体验和感受，对于城市人群来说有一种重返田园的意味。

2. 寻求秩序

破碎与片段化，是城市人的存在方式，精力和注意力被繁多的线头牵扯着，很难有一根线是纵深延续的。轻松、肤浅、感官刺激、拒绝思考，这是消费文化的品质，深陷消费文化中的城市人群在其中消解了主体的统一有序性，以一种随波逐流，千头万绪却丧失意义的状态生存，"……纷纷攘攘的世界，什么都向人招手。人心最经不起撩拨，一拨就动，这一动便不敢说了，没有个见好就收的"。在这种情形下，寻求身心整合，获得秩序感与意义就成为重要议题。

占星术本身并不提供意义，它没有宗教的品质，它更多的是提供方法和框架。当占星术把现代人破碎的体验放置在自己的星盘中，以宇宙法则为框架进行体系性的梳理时，断裂破碎的经验像珠串一样被串了起来，一种整合的体验就产生了，这种体验在日常生活中往往是稀缺的。

3. 达成现实层面的目的

这是占星术与世俗生活联系最紧密的层面。在这种情形下，人们去占星，是希望在世俗生活中取得成功。比如获得财富和健康。占星术一个重要的功能是"推运"，占星师对运程的推算，可以精确到分钟，这对那些在现实困境中不知作何选择的人无疑有巨大的吸引力，他们希望通过占星得到问题的答案，甚至是得到一张指南性质的日程安排表。

现代生活中，人们试图为破碎的生活体验寻求意义，这是占星术流行的本质和动机，占星术的话语体系倾向于让人在时间的推进中系统地认识自身，透过占星术的框架来反观生命，提升对生命体验的觉知程度，占星术试图体现出严谨、充满人性关怀、具有灵性的品质，从而在当代社会的多元文化格局中获得竞争力。一定程度上，占星术取得了成功，在流行（消费）文化层面，在严肃学术研究层面，占星术都进入了人们的视野，并得到关注及反思。当占星者通过占星术的话语体系确认自身和宇宙之间的玄妙的联结后，占星者的思维和行为就有一个外在的指导体系，这个指导体系——宇宙法则，似乎既客观又成体系（"法则"一词意味着"规律""原则"），加之宇宙本身的宏大深邃，宇宙法则会让人产生信服感和依赖感（神秘感、无知的敬畏），这种感受的一个可能的负面效应就是对自由的劫夺，对思维的限定，最终还是避免不了绕回宿命的老路。

现代占星学家们似乎意识到了这一点，不想落下"占星术会限制人的自由"的话柄，所以强调占星术的工具性，就像一个著名占星师所说的那样："不需要相信占星术，它只是一把锤子，用它就好。"（多么洒脱！他真的不愿意让你相信吗？）强调占星术的工具性，其实质就是告诉人们占星术"好用"，并且不会产生什么"副作用"。在当前的社会背景下，"好用"就类似一句广告语，吸引人群去消费：不要想那么多，不要动用你的理性，不用去审视，去用它就好了。就像一位医生说，这种药是好的，不用考虑它有没有副作用，它能治病就好了。再一次，自由被劫夺，这是消费文化惯常的逻辑——不用去思考，投身进去就好了，消费就好了。

2.3.3 加强占星术认可度的三个"心理学"因素

在这个科学鼎盛、教育空前普及的时代里，为什么会有越来越多的人去相信这个早已被科学理性判定为迷信、非科学的东西呢？

我们这样说吧，没落并不意味着文化被世人所遗弃，其实每个时期占星术都在被人们不断学习研究，都在"与时俱进"，都在迎合人们和社会的需要，只是这门工具使用方式有所不同而已。

难道它仅仅是一种心理上的娱乐？可是，它的预测不是也有成功的时候吗？不是也能影响人们的行为吗？实际上，心理暗示和随机概率可以解释那些占星术所谓的功效。下面就是我们"找到的"对占星术起到加强认可度效应的三个"心理学"因素。

1. 人格描述产生的情境

比较那些大众化的人格描述，来自于一定程序化的人格描述（完整的"衍生"体系、系列化的"转码"规则、漂亮的星盘），更易于被人接受，不管来源是心理学的、字迹学的还是星相学的。所以，心理学家认为，这种易于接受（对占星术认可）仅仅是来自于情境因素，而不是在星象解释和个体观察到的人格之间存在着实际的联系。

2. 自我归因或自我概念

具备一定的星相学知识的人，更愿意相信星相学的结果，有"趋同"

的效应。自我概念会造成个体有选择地知觉自己的行为。更何况是以神秘的宇宙体系来建立起来的自我概念，那可是很时髦，很"高大上"的呀！

3.人格描述的社会赞许性

星相学认为奇数星座的人更外向，来自这些星座的人格描述也就更加让人接受，所以具有奇数星座的人更相信星相学。即使是偶数星座的人，他们的性格也被描述为隐忍和圆滑的属性，这些，在当今快节奏、表面化的社会里也并不被看作是缺点。

总之，感觉占卜术和"玩"这个概念关系很密切。你可以不百分之百地相信，但是你可以玩，可以得到一个心理暗示。

第3章

星相学是怎样操作的

　　记得那一年准备写《地球演变故事》时，一个挥之不去的念头就是——那么高的大山，怎么"长"起来的，而且还有高有低，落差那么大！现在为大家介绍星相学，脑子里也一直有一个问题：星相学的体系没问题，宇宙、天体，足够大且神秘，也足够多，完全能够满足占星师们"辗转腾挪"的要求。可是，凭什么他们就说太阳代表男性、月亮代表女性？说水星代表智慧，是信使，是联络之神。凭什么？就是因为在八大行星中水星的公转速度最快？查了许多资料，研究了很久，不得不说还真是这样。真的就是一种"赋予"，一种文化传承。但是谁"赋予"的呢？——天神、社会习俗、民间传说和神秘的人或事。就好像说，一句谎言大家都说，说得多了，人们也就不把它当成谎言了。当然，星相学是这样构架了一个体系，并赋予了体系中的"节点"许多的星相学的映像，但是，也需要承认，它延续了几千年，继承了人类几千年的文明和文化。道理？真相？肯定不是，但是，星相学的体系和传承一直在那里！

3.1 星相学中的"神"与人

想要明白星相学在现实生活中是怎样操作的，就让我们先来解读一下这个"行业"的规矩和操作原则吧。

3.1.1 占星原则

这里我们将给出占星术中"理论"的部分，都是一些原则、维度、法则和策略之类的。如果想要明白星相学是怎样操作的，懂得这些是必需的。

1. 七个基本原则

七个基本原则形成了任何以成长为目的的星相学的主要架构。任何一个偏离这些原则太远的人或者文字都很可能是星相学的过去旧习，而不是星相学的未来。

（1）占星符号都是中性的，没有好的，也没有坏的。占星符号代表的天体只是客观存在，好与坏都是相对的，随着时间空间可以转化的。

（2）每个人应该为自己如何去体现自己的星盘而负责（要真心实意，你心里不相信占星，那就赶快走开）。

（3）没有一个占星师能够仅仅通过星盘来判定一个人会如何地展现他的星盘（占星师只是"翻译者"，转告你天神的意志和想法，你不能要求他对占星的结果负责。高手领进门、修行靠个人）。

（4）星盘是一个人可能达到的最快乐、最满足、最灵性、最富有创造性的成长之路的蓝图（星盘是你的人生地图，你必须要珍惜）。

（5）所有对这个理想成长模式的偏离都是不稳定状态，通常都会带来一种无目的感、空虚以及焦虑（占星师不能保证，告诉你的结果都是对你有利的，天体在运动，你的人生也在飘零）。

（6）星相学里只有两点是绝对的：生命本身所拥有的不可去除的神
秘性；以及每个个体对这种神秘性的独特看法（人的命，天注定。占星
师是来告诉你，人生如何趋利避害）。

（7）当星相学跟任何一种哲学或者宗教结合得太紧密时，它就受
到了损害。在星相学系统中，除了一个人的自我意识，没有什么是真
正重要的（你必须单纯，必须 100% 地相信占星师，这样才能完美地与
上帝沟通）。

这七个原则都很基本。去掉任何一个，或者扭曲任何一个都会让
整栋建筑轰然倒下，沦为算命。告诉你，占星不是低俗的算命，是帮
你规划人生。七个原则的重点是下面一段，一切都归结于此：占星是动
词，而不是名词。（占星师会对你说）你并不是一个摩羯座，你在成为
一个摩羯座。成长、改变、进化，这就是占星的核心。把宿命主义和
僵化留给那些算命先生吧，我们的工作不是这些。

2. 三个占星维度

三个占星维度：星座、宫位和行
星。它们形成了占星术的神圣三位一体
（图 3.1）。缺少它们之中的任何一个，
占星术就可能只有高度和宽度，而没有
了深度。三者中星座和宫位是一起运作
的，星座是**身份**，而宫位是身份运作的
场所。而行星则代表了**心识**的真正结构。
比如，每一颗行星都代表一种心理功能：
心智、情绪、自我形象、与人亲近的冲
动等。

占星术的三个维度告诉你：行星意

图 3.1　神学上的"三位一体"

味着你有哪个面向的心识（**什么**）；星座意味着有哪些需要和策略在驱动这颗行星（**为什么和怎样**）；而宫位则准确告知这一种（行星——星座）组合会在生活的哪些领域表现出来（**哪里**）。

3. 占星基石

占星术的基石就是地球的两个节奏，也就是地球的两种物理运动——自转和公转，它们的运动轨迹都是圆的（星相学追求柏拉图的完美，注重的是天体存在的意义和映像，而不是它的实际的力学体系）。

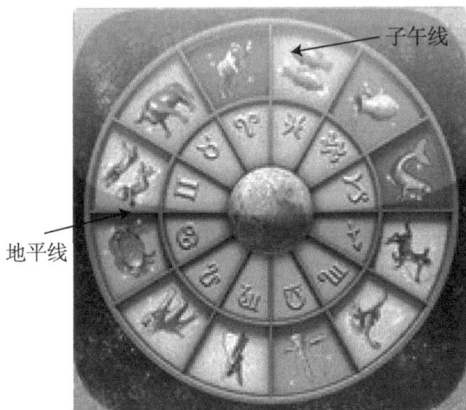

图 3.2　星占盘基本宫位图

第一个圆（自转）产生了宫位，占星术给这个自然的圆做了个"手术"，划出了两个"切口"。那个不可理解的天球（整体）就被两条线（图 3.2）——"地平线"和"子午线"分割为可理解的。

地平线为我们划分了主观性（地上）和客观性（地下）。主观性的表达是：光明、显现、事实；客观性的表达是：黑暗、隐秘、推断。

子午线的分割是以太阳的上升和下落为界限的。东边代表着可能性、新机会，需要行动、意志力和主观决定；西边则是结束、完结的感觉，已经完成的事情无法更改了。体现限制性，需要警觉和对环境的适应性，切忌"随波逐流"。

第二个圆产生了星座的象征，实际上，严格说来并不是产生星座，而是产生季节，星座只是天上的一群星星，星座的意义是指示我们太阳运行到了那里！季节是被"两分两至"划分出来的四个有限阶段，它们象征着火、土、风、水这四大元素。而在希腊时期四大元素就是物质和精神世界的基本构成（图 3.3），就像我们的"五行"。四元素说是古希腊关于世界的物质组成的学说。主要是来自亚里士多德的观点：地上世界由火、土、风、水四大元素组成。其中每种元素都代表四种基本特性（干、湿、冷、热）中两种特性的组合。火 =

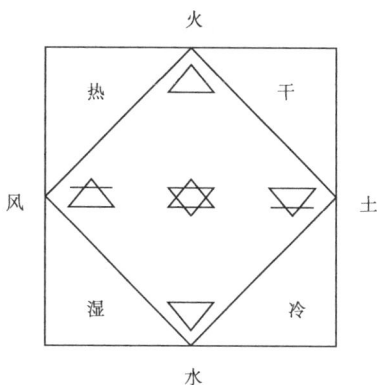

图 3.3　四元素说

干 + 热、土 = 干 + 冷、气 = 湿 + 热、水 = 湿 + 冷。火燥热向上；水润湿向下；土（大地）坚韧不动；风随性轮转。

　　占星术里四元素是来自古代的意象，是存在的基本状态，代表着宇宙的四个面向：

　　第一个元素（火），产生于光明和黑暗的均衡点，这时（太阳）的光有更大的动能，光正在增强。天文学称之为春分，占星术中象征着火元素的诞生，它代表行动。就像春天一样有那么多向外冲的能量，太阳运行到这些宫位（白羊、狮子、射手）就会赋予你永不妥协、不可战胜的力量。

　　在占星术的传统中，土元素在火元素之后，它由黑暗的核心升起，对应冬至，也就是一年之中黑暗最长的那一天。我们会看到一种严酷而持久坚定的精神。所以，土元素象征着稳固和持续，强调和我们这个"冰冷而坚硬"的世界和平共处。太阳运行到这个阶段（金牛、处女、摩羯）会赋予你足智多谋而实干的精神去不停地建造、完善、成形。

　　风元素出现在另一个光暗平衡点上。这时黑暗处于上升阶段，准备吞噬光明。来到秋分，标志着秋天的开始，而冬天紧跟着就要来了，所以秋天有一种对灾难的预感。所有生物都感觉到黑暗就要降临，感觉到死亡，这种恐惧提高了它们的警觉度。风元素带给我们感知、理性、联系心智的功能，它有一种无尽的好奇、抽离以及非常清晰的感知特性。太阳运行至此(双子、天秤、水瓶)会赋予我们一种探寻的精神驱动。

水元素在光明最强大的时候出现。天文学的夏至。夏天的时候土地很适合滋养生命，大自然仿佛是一个具有保护性的子宫。所以，水元素是滋养和保护的元素。在外，它表现为一种温暖；在内，它表现为想象和直觉。太阳在这一阶段运行（巨蟹、天蝎、双鱼）会赋予我们洞察和敏感的特质。

4. 占星策略

行星－星座－宫位，对应了生命的三个维度：身份－目的－情境。它们是简单的组合吗？简单的算术告诉我们，他们的组合只有 1440 个，而世界上的人数是"1440"的多少倍数呀！

那么，怎么办？占星师说：直觉会帮助我们，创造性也很重要！具体的实施要遵循下面的五个步骤：

步骤一，看行星。考虑"心识功能"，确认心识建立在了哪个部分，也就是回答行星确立的**是什么**。

步骤二，看星座。是星座在驱动这颗行星。那颗行星的功能在寻求什么？驱动之下存在着怎样的"**为什么**"？让我们有目的感，找到进化的方向。也就是说让占星师的解说不会漫无目的。

步骤三，想想"行星－星座"的组合。星座提供给我们"资源"，行星带给我们功能。而你拥有了这些长处和责任，能怎样组合利用以便去得到自己的幸福。

步骤四，注意星座中"阴影"的部分（指你的星座可能带给你的潜在不利因素），还有行星中"可能的缺陷"。要以一种警告的方式来提醒你的客户，而不是预言的方式。

步骤五，看宫位。这个"行星－星座"组合的事物会在哪里发展？它们会创造出什么样的行为？一个人会在生活的哪个部分对这个"行星－星座"组合作出强烈反应，从而改善自己的境遇？而在哪里，微弱的反应最可能造成紧张和挫败感？宫位会对此作出回答。

5. 占星基本指南（占星六条）

第一条，在你透彻了解太阳、月亮和上升（点、星座）之前，忽略所有其他的信息。太阳构建个性，代表自己；月亮代表心识的本能和维度，是自我的灵魂；上升则是太阳月亮的包装、面具和表达。

第二条，暂时忘记那些行星的具体意义，只是去观察它们中的大部分落在四个"半球"中的哪一个。地平线：上—客观、下—主观；子午线：东边—自由和个人选择；西边—命运或宿命。

第三条，在理解三大巨头（太阳、月亮、上升）以及星盘的半球侧重之后，找到星盘中的焦点行星（上升星座的守护行星），注重它们在星盘中所扮演的角色。

第四条，确定月亮的南北交点（图 3.4）对星盘上其他元素的影响。南交点告诉我们那种能力此人已经具备，北交点告诉我们他以后必须要成为什么样子。

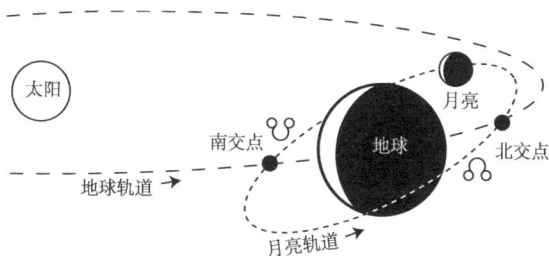

图 3.4　月亮的南北交点

第五条，找出星盘中的基调和主题来，去发现行星和它们之间的联系。要注意意义的丛集以及主题之间的张力。

第六条，在你对前面的五条掌握自如之后，就丢掉它们！占星（术）已经完成了它的使命，它已经帮助你看到了一系列生活问题的本质，现在要使用你自己的心和思想去找到解决问题的方法。

3.1.2　十大行星的角色扮演

我们知道了"行星 – 星座 – 宫位"所构成的占星框架的含义，接下来就要讨论十大行星的角色扮演。这里所说的十大行星我们在前面提到过，就是太阳、月亮再加上八大行星（没有地球，但包含冥王星）。它们每一个都有自己独特的个性，各自代表了人类意识的不同部分：智力、个人力量、情感连接和自我超越感。（你的）星盘的作用就是告诉你，十个部分中你的哪些被强化了，指引你怎样才能变得更快乐。

我们这本书在帮你介绍这些指引的同时，力求搞清楚——凭什么是什么（行星）代表了什么（特质）！我们会分三个部分对十大行星加以讨论，即**占星身份**、**神话来源和认同解读**（也就是试图解读一下为什么是这颗行星代表这个，而不是其他）。

1. **太阳**☉

太阳（图 3.5），占星中最重要的角色。希腊神话里的阿波罗神，代表男人、父亲、英雄。金属属性是其中最有价值、最有光泽的黄金。

（1）占星身份

功能：发出连续的、可运作的自我形象；意志力的聚焦和积极的行动能力；自我的创造。

可能的缺陷：自私、冷漠、干涉他人、虚荣、自大、固执、蛮横。

图 3.5　太阳

关键问题：我是谁？哪些经验能够帮助我加强和认清自我形象？我能够在哪里找到和扩展我的个人力量？哪些无意识倾向造就了我的世界观？

（2）神话来源

对古人而言，太阳是英雄的象征，因为他每晚都会消失不见，和自然里的某种力量搏斗一番，到了黎明才又英勇地返回。在希腊神话里，太阳与宙斯（宇宙的主宰、最大的神）最引以为荣的爱子阿波罗有关。阿波罗的诞生相当艰难，他的母亲勒托在生产阿波罗时，为了躲避宙斯善妒的妻子赫拉，不得不去一个叫得洛斯的荒岛上生产。而且，赫拉阻止了助产的女神帮助她，所以孩子生得非常辛苦，据说花了九天九夜的时间，最后在他的姐姐阿尔忒弥斯的协助下才诞生在一棵棕榈树下。

阿波罗长大成人之后，外表特别英俊。但他在维持亲密关系上却不怎么成功，这可能是因为他一开始就有些和女性相处的困难，自我人格不够深厚，追求事物的方式比较直接，用现代的语言来说，就是情商不高。

2. 月亮 ☽

月亮（图 3.6），占星中代表感觉和情绪。希腊神话里和月亮有关的都是女神：与新月或满月联结的年轻女神阿尔忒弥斯、与月圆有关的（农业）成熟女神德墨忒尔、和月亏相关的冥府女神赫卡忒。月亮代表女性、母亲、公众，有家的感觉。金属属性是银，虽然不像黄金一样昂贵，但它富有光

图 3.6　月亮

129

泽、延展性好，很容易做成器皿（家的感觉），古时候都用它来制作镜子。看上去柔和的月光让我们去遵循内向、随和的"女性法则"。

（1）占星身份

功能：发展感觉和情绪反应的能力；发展主观性、易感性和敏感性；发展我们称之为灵魂的东西。

可能的缺陷：情绪的自我放纵、胆怯、懒惰、软弱无力、过于活跃的想象力、犹豫不决、情绪不稳。

关键问题：哪些体验对我的快乐最重要？当我被情绪和非理智占据时，我怎样表达它们？哪些无意识的情绪需要在驱动我的行为？

（2）神话来源

每个文化里都有许多和月亮有关的神话。与月亮联结在一起的女神，通常关注的是生育、抚养孩子及耕种方面的问题。世界各地都有和月亮相关的、涉及成长和收获的节日，比如，北半球的复活节就是定在春分后的第一个月圆之日，中国的中秋节用来庆祝丰收等。

三位象征月亮的希腊女神代表了不同的女性生活阶段，阿尔忒弥斯代表少女；德墨忒尔象征的就是母亲；而赫卡忒则跟老年的女性有关。

总之，三位和月亮有关的希腊女神，关注的都是过渡（成长）时期的状态和事情。

3. 水星 ☿

旅行者和商人的保护神，符号是众神的使者墨丘利的插有双翅的头盔和他的神杖（图3.7）。占星中水星代表着"沟通"、心智、理解力和路标。金属属性是"汞"，也就是水银，是在常温下

图 3.7　水星

唯一可以流动的金属。水星的英文 Mercury 在化学科目中就是"汞"的意思。

（1）占星身份

功能：智力；信息的传达、说话、教导、写作；信息的接收、倾听、学习、阅读、观察。

可能的缺陷：紧张、合理化、担心、轻浮、理智主义、唠叨、自相矛盾、活动过多。

关键问题：我的智力和交流的长处是什么？我的智力和交流的弱点是什么？

逆行时（大行星相对地球的视运动行为）：心智向内转，自由地以独立的、有想象力的、创新的方式思考；可能在表达创新思想方面有困难，无法组词造句。

（2）神话来源

希腊版本的水星是天神赫尔墨斯，他是宙斯和仙女迈亚的私生子。出生的第一天他就偷走了阿波罗的一群牛（据说是为了好玩、恶作剧，所以占星里他和青春及早期教育有关）。除去自己享用外，还分给了奥林匹斯山的 12 个山神（交际能力），而且，被告发后用他的三寸不烂之舌矢口否认，搞得父亲宙斯还很高兴——有这么一个能言巧辩的儿子！

4. 金星♀

爱和美的女神维纳斯手中的镜子，也代表雌性（图 3.8）。占星中情感、艺术、嫉妒、金钱、女性的代表（大行星中它最圆，就像女性的身体）。金属属性是铜，富有延展性、有光泽，适合

图 3.8　金星

131

铸造模塑和钱币。

（1）占星身份

功能：恢复破损的敏感性；稳定支持性的情感网络；发展出审美反应能力。

可能的缺陷：懒惰、操纵、虚荣、懦弱、长期放纵与情欲。

关键问题：我如何冷静下来？我想从伴侣那里得到什么？我能够给一段关系带来什么？

逆行时：可能会造成羞涩和社交恐惧；在异性面前感觉不自然；怀疑自己作为一个伴侣的价值，或对此没有安全感；可能具有自由和创造性的心识。

（2）神话来源

金星是爱神阿芙罗狄忒（Aphrodite），她的小伙计就是那个拿着弓箭"乱射"的小爱神丘比特。阿芙罗狄忒管辖一切有关生物繁衍的问题。她名字前面的（Aphro）就是泡沫的意思，也暗示着精子。而"春药"（Aphrodisiac）一词也延伸于此。据说阿芙罗狄忒是从贝壳里诞生的，而许多的海产（尤其是牡蛎）也往往被当成催情的食物。

阿芙罗狄忒是众女神中最美的一个，她身边除去丘比特外还经常跟随着白鸽、燕子及三位美德女神——阿格莱亚（代表光辉）、欧佛洛绪涅（代表喜悦）和塔利亚（代表欢乐）。所以，她们走到哪里都会带来和平与欢乐，也将艺术、音乐、舞蹈和爱带到人们的生活里。

由于她太美丽了，所有天神都想和她结婚，招致了其他女神的嫉妒。宙斯就将她嫁给了坡脚的冶炼之神赫菲斯托斯。他人很丑，但是手艺精湛，也很爱他的老婆，为她打造了许多精美的首饰。他们的婚姻还算美满，也算是一桩"互补型"的婚姻典范吧。

5. 火星 ♂

战神玛尔斯的盾牌和长矛，也代表雄性（图 3.9）。

（1）占星身份

功能：意志的发展；勇气的发展；学习肯定自己。

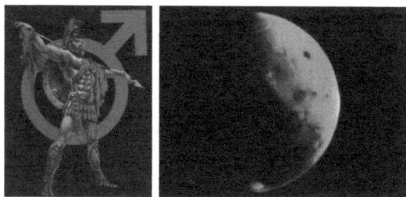

图 3.9 火星

可能的缺陷：易怒、愤怒、自私、不敏感、残忍、虐待、夸大、好斗。

关键问题：我必须面对什么战斗？如果我不想进行没有意义的冲突和争斗，我必须在哪里变得更加肯定自我？怎样才能磨砺我的意志？我怎样表达自己的积极性？

逆行时：巨大的停滞不动的力量；在肯定自己和提出要求时很犹豫；被动倾向；愤怒被控制了，但它转向了内部。

（2）神话来源

希腊神话中阿瑞斯的父亲是宙斯，他的母亲是善妒爱报复的赫拉。而他的老师叫普里阿普斯（Priapus），是掌管园艺的生殖之神，据说他因为有一个巨大、永久勃起的男性生殖器而闻名。在西方，他的名字是"阴茎异常勃起（Priapism）"一词的词源。

6. 木星 ♃

万神之王宙斯的闪电或他的神鹰（图 3.10）。

（1）占星身份

功能：保持信念；活力和信心的发展；提高兴致。

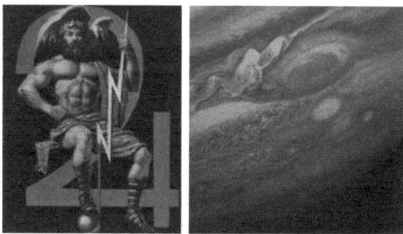

可能的缺陷：过度扩张、过度乐观、浮夸、虚假、拒绝接受

图 3.10 木星

负面现实。

关键问题：哪些体验会使我对自己和生活更有信心？在哪些方面我可能会想当然？

逆行时：非常深入的内在信念；可能会造成一个非常严肃的外表；可能会阻碍情绪的开放。

（2）神话来源

希腊神话中的第二代众神之王克洛诺斯接受了他父亲乌拉诺斯的教训（他篡位他父亲），为了防止儿子们篡位，吞吃了他们。宙斯的母亲该亚身怀他时，为了防止儿子再被吞吃，就只身躲到了克里特岛，而交出一个石头代替婴儿。宙斯成了唯一未被吞吃掉的孩子。他出生后，靠岛上的仙女们抚养他，吃羊奶和蜂蜜长大。宙斯继位后，把白羊升为星座，并把一只羊角送给抚养、保护他的仙女们，因为这只羊角能不断地产出食物和酒，是无限资源的象征。

7. 土星 ♄

罗马农神萨图尔努斯的镰刀，他等同于希腊神话里的克洛诺斯（图3.11）。

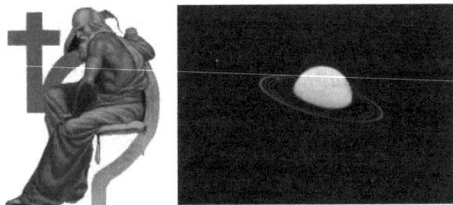

图 3.11　土星

（1）占星身份

功能：自制力的发展；自尊的发展；对自身天命信念的发展；与孤独和解。

可能的缺陷：抑郁、忧郁、愤世嫉俗、冷漠、感受迟钝、趋炎附势、单调、没有想象力、情绪压抑、物质主义。

关键问题：在生活中的哪些领域我必须独自行动？在哪些地方缺乏自律将很快让我后悔？我梦想和信念的能力在哪些地方将受到严峻考验？

逆行时：深入的自我满足；可能表明你是一个"不合群的人"；储藏有惊人的内在力量；情绪方面的自制；可能不太会说"不"。

（2）神话来源

克洛诺斯阉割了他的父亲并篡位。他和他的妹妹大地女神该亚结婚有三个女儿和三个儿子（冥王星哈德斯、海王星波塞冬和木星宙斯）。他害怕自己的儿子像他一样篡位就吞吃了他们（宙斯幸免），所以，他的故事所具有的占星术隐喻就是：负罪感（对父亲），自尊问题（不信任和爱护子女）以及人生的责任（据说他是唯一敢于面对他父亲的人）。

8. 天王星 ♅

符号是天王星发现者威廉·赫歇尔姓氏开头的字母 H。天王星还有一种传统符号是太阳与火星的符号结合：现今则为意识"○"上的现实"＋"置于双重感受"（"之中：♅（图 3.12）。

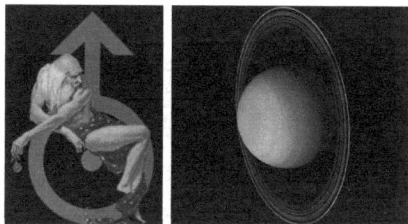

图 3.12　天王星，第一代天神乌拉诺斯

（1）占星身份

功能：个性的发展；质疑权威的能力；超越文化和社会设定的程序。

可能的缺陷：故意作对、固执、僵固、易怒、怪异、不可靠、不负责、自私、对他人的感受漠然、无法向他人学习、为了古怪而古怪。

关键问题：我必须在生命的哪个部分即使得不到社会认同也乐意前进？我必须在哪里学会打破规则，走自己的路？我会在哪里不断接收最误导人的意见？我注定会挑战和冒犯哪些权威？

逆行时：个性可能会消散在幻想之中，而外在表现还是安全和正常的；可能代表天才——并非通常高智商意义上的天才，而是心灵不受文化"俗见"所限制的天才。

（2）神话来源

古希腊人认为，万物未出现之前，世界是一片空无，他们称之为"混沌"（Chaos）。后来混沌生下了盖亚（大地），盖亚又生了许多小孩，其中第一个诞生出来的就是天空——乌拉诺斯（天王星），接着盖亚又生出了高山和大海。因为天空遥不可及，所以天王星代表的是一种心理上的疏远状态。乌拉诺斯后来娶盖亚为妻而开始紧紧地覆盖住她，他们成了奥林匹斯山众神的父母及祖父母。

9. 海王星 ♆

海神波塞冬的三叉戟（图 3.13）。

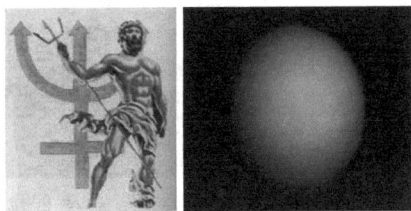

图 3.13　海王星，海神波塞冬

（1）占星身份

功能：减弱自我形象中的小我；在小我之外建立一个自我观察点；减弱意识和潜意识之间、小我和灵魂之间的阻隔；发展出我们称之为上帝的意识。

可能的缺陷：迷惑、懒惰、白日梦、迷糊、毒品和酒精依赖、缺乏现实验证能力；迷人的幻觉。

关键问题：在哪些领域我必须降低逻辑的重要性，而强调直觉功能？在哪些领域狭隘的自我利益对我最不利，并对我产生破坏性？在哪些领域我最容易将愿望和恐惧当成现实？

逆行时：心灵对外在现实的敏感度不高，很容易被主观因素扭曲，但是相对来说比较少受逻辑的影响。

（2）神话来源

海神波塞冬和宙斯、哈德斯一起是天神克洛诺斯的儿子。他不仅掌管海洋，同时还掌管湖泊和河流。他的领土已经十分广大，但他依然会去和其他的神争夺城市和陆地，但如同海水无法长时间淹没陆地一样，他也经常战败。天宫图里的海王星，同样也代表我们永不知足的饥渴倾向。

波塞冬手上拿着的三叉戟是用来捕鱼的，但也经常用来制造海上风暴、指挥海上的生物、制造喷泉和地震（他是地震之神），三叉戟也代表着基督教的三位一体。

10. 冥王星 ♇

符号看上去有点复杂，是代表物质的十字架上顶着新月，其上悬着代表永无止境的圆圈（图 3.14）。

图 3.14 冥王星

（1）占星身份

功能：意识到一个人的天命；意识到所有狭窄追求的荒唐性；发展出分辨真理的能力。

可能的缺陷：自大狂、夸大、暴力、说教、教条、僵硬、暴君行为、苛求权力、无意义或荒唐感、认为为了正当的目的可以不择手段。

关键问题：在我的生活中，我到哪里去找持久的意义？在我的内在，我到哪里去找这个世界非常需要的智慧？在什么地方我必须小心不要有教条、肆无忌惮或者暴君的行为？

逆行时：可能会造成一种丧失个人力量的恐惧；可能会造成是否要说出自己所看到的真相的犹豫；在拥有强大力量的同时要保持谦卑。

（2）神话来源

天神克洛诺斯的三个儿子波塞冬和宙斯、哈德斯，哈德斯掌管冥界。它不但是死亡之神，也是富饶之神。因为珍贵的矿物都是埋藏在地下的。他还可以引渡亡灵而致富。

哈德斯最具意义的一次来到地面，就是绑架了珀尔塞福涅（宙斯和农业女神德墨忒尔的女儿）。哈德斯喜欢珀尔塞福涅，可是德墨忒尔不同意。他就利用了珀尔塞福涅喜欢鲜花的特性，排好了漂亮的水仙花展现在少女的面前，当她走近鲜花时，大地突然裂开，哈德斯架着战车掠走了她。

3.2　"现代"星相学分类

"现代"星相学被占星师们认为是和心理学结合的产物。它的哲学思维就是促使人们去进行自我认识，给予人们"帮助自我成长"的知识，以期通过自我认识来认识命运，最后以智慧来改变命运。占星师绝不承认"现代"星相学只是用来和命运捉迷藏的工具，他们认为：不认识自己而要认识命运的事件，对于"现代"星相学而言是幼稚的生命观，是拒绝成长的逃避态度。"现代"的星相学早已经脱离了宿命、命运由天注定的论调，早就和心理学、人格理论相融合，能够最精细地描述人格心理和指点迷津了。"现代"星相学主要包含以下的一些方面。

3.2.1　军国（君国）星相学

主要是对国家、地球的重大事件进行分析、预测，包括政治、经济、国家局势、自然灾害等涉及集体、整体的大事件。在星相学中，每一个国家都有其生辰图。这个国家也和人一样承受着宇宙能量，国家的政治经济政策、国际关系等都和宇宙有呼应关系。尤其是国家首脑人物的竞选成功与否，与竞选人的生辰以及国家的生辰都有密切的关系。

它也用于对地球上自然现象的预测和解释，对于地球人类有关联的大事件的星相分析和预测。比如，2001 年股市的大跌荡、航空灾难、恐怖分子的威胁与冥王星进入射手座的关系，2003 年的"非典"与天王星进入双鱼座的关系等。这类星相学因为涉及的问题太大，超出了普通人所关注的个人问题，它远不如生辰星相学那么普及。

3.2.2　医药（医学）星相学

医药（医学）星相学是古代星相学"大宇宙对应小宇宙"的哲学思想在人体健康上的运用，将人的健康和生辰图紧密相关，将生辰图中的星座（宫位）对应人体的具体部位，也为人的健康保障和疾病防治提供建议，同时，也用于分析、诊断和治疗疾病。古代星相学被广泛地应用于医疗，在公元 400 年前，西方医疗之父希波克拉底曾经说过："医生没有星相学的知识，就无权利叫自己医生。"古人看病时，医生首先要画出一个人的生辰图，以理解病人的生理部位和天体的关系。今天，星相学依然提供个人的生理周期、消化系统的信息，选用对应于病人的生理的饮食，消除病人的敏感生理部位的压力。星相学的原理就是把人看成宇宙的映射，个人的生理与天体相对应。当某种行星过渡的时候，星相学对于疾病的预防和治疗起到一定的作用。有时候，帮助客户理解行星的运行，就消除了他们的困惑，而达到舒缓的作用。在星相学中，每一个星座都对应人体的一个部位，同时对应一些对此有益的食品和营养。这些部位是身体的敏感部分，有时候它是生命的财富，比如，金牛座主宰着喉咙，通常金牛座有歌唱的天赋。不过，有时候它会意想不到的脆弱。不要仅仅用你的太阳星座来对应这些生理部位，星相医学考虑的是你的生辰图，你身上的所有部位，而不仅仅是太阳星座。

3.2.3　金融星相学

金融星相学主要是用来分析金融市场和经济发展前景。通过对天体行星的周期的分析，预测金融的周期，对投资进行决策指导。同时，也研究公司的性质和公司的周期，指导公司的发展策略。摩根的创始人就用星相学为他的投资做指导，他创立了美国钢铁公司和太平洋铁路公司。他有句名言："百万富翁不相信星相学，而亿万富翁相信它。"金融星相学也用于个人的财政收入和投资，在一生中我们都有命运的起伏，某些行星就不利于商业发展，比如说，海王星成为生辰图中重要行星的时候，投资就如同"肉包子打狗，一去不回"。但是，这时候却是一个人转向精神世界发展的好时机。金融星相学也看个人生辰图中对于"物质资源"的态度，有些人生来在某些方面有优势，不利用就会浪费。有些人生来在某方面不利，星相学能够帮助回避这些无可奈何的风险。

3.2.4　占卜星相学

占卜星相学就是当你对某事件没有确凿的把握，而向星相学家寻找天体的答案。17 世纪在英国应用极其广泛。甚至丢了东西的人也不去找警察，却向星相学家占卜："谁偷了我们的东西？在哪里能找到？"在现代，依然有人在不能够作出决定的时候，寻求占卜，以看天机。最常问的问题是"我是否应该结婚？""我能不能升迁？""我该不该买房？"等个人的决定。也有人用于运动赌博，"曼彻斯特足球队能够赢吗？"

占卜非常像中国的卜卦，由当时的卦象来判断此事是否可行，天是否助人。星相学家根据提问的时间，绘制当时的星相图。其原理就是相信时间是有意义的，提问的时间就是问题的答案。寻找答案就像是侦探破案，从天象中寻找蛛丝马迹。星相学家根据那个时刻行星的位置来断定天势，由行星的主宰领域找出相关的暗号。当主宰问题的行星处于有利位置时候，答案是肯定的，否则就是否定的。古占卜学只关心某一具体事件，它的答案很简单，不是"Yes"就是"No"，或者"时机不对，无法问天"。

除了行星的原理有相同之处外，它与心理星相学几乎没有相关之处。它不涉及任何生命的大问题，提问者也无心解答自己的心理问题，"成长、发展、情结、心灵"等话题对古占卜学家毫无意义。占星师认为，心理星相学模棱两可、含糊不清、玄乎其玄。而心理星相学家则对古占卜颇为尊重，都学习一些古占卜的技术，却依然认为"自由意志"更为重要。

3.2.5　择日星相学

顾名思义，就是根据事件的性质，选择对事件最有利的良辰吉日。有的星相学家也被公司雇用为公司注册的时间、会议、行程提供咨询，有的公司签合同的时间也要由星相学家决定。其原理和生辰星相学的原理一样，新建的一个公司就如同一个人出生，那个时刻新建的公司承载着宇宙信息，根据公司性质选择对于公司发展有利的时间注册。择日星相学的作用也和中国的皇历相似，被用于个人的生活中，如结婚、出行等重要日子的决定。一个婚姻也如同一个新人的出生，结婚的日子对以后婚姻的影响也颇为重要。

3.2.6　择地点星相学

还有一门星相学是说地点的选择对于人也有影响。它的原理是在人出生的时候，行星在地球上升起和降落的位置也已定，有的地方适合人的发展，有的地方给人的生活带来麻烦。同是一块地盘，适合他的，不一定适合你。有的地点对事业有帮助，有的地方走桃花运，有的地方事故不断。运用此技术，就把一个人的生辰图上行星的升起和降落都落实到具体的地点。当一个人在某地感到事事不顺，身体不适，人际关系不畅，情感抑郁的时候，就要考虑换个地方。

3.3 "分野"的思维——中国的郡国占星术

中国的先祖们对于日月星辰与人间对应的人事有根深蒂固牢不可分的信仰，但却都以国家大事为记录方向。例如，国家社稷的兴亡、帝王将相、天候收成、灾难预测等。所以占星只有类似西方的君国占星术一类比较重要。

占星活动的思想渊源可以追溯到原始的宗教崇拜。随着原始部落的统一及至阶级出现，原始宗教对自然神的崇拜逐渐由崇拜天地众神变为崇拜单一的"至高无上"的神，殷商时代叫"帝"（上帝），周朝称为天（天命）。它被赋予社会属性和人格化，成为宇宙万物的主宰。

《易经·彖传》说："观乎天文，以察时变；观乎人文，以化成天下。"为了猜测天的意志，以规范人们的思想行动，于是便出现了占星术。

关于天体和物质的产生，古人主要持三种说法：物精说、水生说和日生说。而以物精之说居统治地位。物精说认为：天上星体乃万物之精华所升化而成。《管子·内业篇》说："凡物之精，比则为生，下生五谷，上为列星。"张衡在《灵宪》中说得更具体："星也者，体生于地，精成于天。"就是说天上的星象根源于人间事物，地上有什么人和事，天上便相应有什么星，天上星象跟地上人事一一相应。

3.3.1 "分野"是"天兆地应"

古代是把天象的变化和人事的吉凶联系在一起。如日食是老天对当政者的警告，彗星的出现象征着兵灾。岁星（木星）正常运行到某某星宿，则地上与之相配的州国就会五谷丰登，而荧惑（火星）运行到某一星宿，这个地区就会有灾祸等。古人还认为，一些天象的变化还是水旱、饥馑、疾疫、盗贼等自然、社会现象的预兆。

"分野"理论出现颇早,《周礼·春官宗伯》所载职官有保章氏, 其职掌为:"掌天星以志星辰日月之变动,以观天下之迁,辨其吉凶。 以星土辨九州之地,所封封域,皆有分星,以观妖祥。以十有二岁之 相观天下之妖祥。""分野"大致来说有以下几种方法:

(1)干支说:把地域的划分与干、支与月令相对应,包括十干分野、 十二支分野和十二月令分野三种模式。

(2)星土说:把地域的划分与星辰相对应,包括五星分野、北斗分 野、十二次(记)分野、二十八 宿分野等四种模式。

(3)九宫(州)说:把地域 的划分与九宫相对应,就是属于 九宫(图3.15)分野方式。《尚书》 中有一篇《禹贡》,记述了大禹 划分九州的传说。九州是冀、兖、 青、徐、扬、荆、豫、梁、雍,

图 3.15　禹贡九州图

九州是中国最早的行政区划,中国就称为九州。大禹划分九州,所以 中国也称禹域。

这三种学说皆被历代术士用来勘与、占卜、占星或是论命所用。

星体的命名和星区体系的构建经历了一个漫长的历史过程。早期 星体的命名直接反映了农牧社会的生产和生活情况,并与古文字的象形 有关。如牛郎、织女、箕(簸箕)、斗(盛酒器具)、奎(大猪)、娄(牧 养牛马之苑)、毕(猎具,带网的叉子)、张(逮鸟之网)等;有的命名 则出于古人的想象和传说,如东方苍龙的角(龙角)、亢(龙颈)、氐 (龙足)、房(龙腹)、心(龙心)、尾(龙尾)等星宿,各以龙之一体命 名,组合起来,东首西尾,如龙之腾跃于空。黄道二十八宿对恒星分区 体系的命名基本反映这一时期的特征。自春秋以后,星名中逐渐采用

帝、太子、后妃（勾陈）、上将、次相等帝王将相名称，并出现了离宫、大理、天牢、天廪、华盖等国家机构，用建筑、庄园、器用等星名。"星座有尊卑，若人之官曹列位。"星体命名被打上了阶级烙印。同时对原来星名在继承的基础上部分进行了调整改造并加以系统化。如房宿以其星体明亮便于作中星观象授时而受到重视，星象家附会其说。《春秋说题辞》称："房心为明堂，天王布政之宫。"又如南北两斗座，在《诗经》中以其形状被称为盛酒之具；由于北斗七星位于北天极中央天区，靠近帝座，故以其斗柄机运旋转和授时功能被附会为天帝乘坐的车子。《史记·天官书》说："斗为帝车，运于中央，临制四乡（向）。分阴阳，建四时，均五行，移节度，定储记，皆系于斗。"在天人神学思想指导下，北斗以"七政之枢机，阴阳之元本"而象征权威被带上神秘色彩，其在天的地位大大提高了。

相比之下，中国的天界则突出以北极帝星为中心，以三垣二十八宿为主干，构建成一个组织严密、体系完整、等级森严、居高临下、呼应四方的空中人伦社会，并成为星象占验的蓝本或主要依据。

三垣指紫薇垣、太薇垣及天市垣。

紫薇垣为三垣的中垣，位于北天中央位置，故称中宫，以北极为中枢。有十五星构成垣墙，分为左垣与右垣两列。紫薇垣之内是天帝居住的地方，是皇帝内院，除了皇帝之外，皇后、太子、宫女都在此居住。

太薇垣为三垣的上垣，又名天庭，是政府的意思，也是贵族及大臣们居住的地方。

天市垣为三垣的下垣，是天上的市集，是平民百姓居住的地方。

星宿分野最早见于《左传》《国语》等书，其所反映的分野大体以十二星次为准。战国以后也有以二十八宿来划分分野的，在西汉之后逐渐协调互通。具体说就是把某星宿当作某封国的分野，某星宿当作某州的分野，或反过来把某国当作某星宿的分野，某州当作某星宿的分野。

下面介绍十二星次。

（1）星纪（纪者言其统纪万物，十二月之门，万物之所终始，故曰星纪）：对应斗、牛、女三宿，按列国时的分野是**吴越**。

（2）玄枵（玄者黑，北方之色，枵者耗也，十一月之时阳气在下，阴气在上，万物幽死，未有生者，天地空虚，故曰玄枵）：对应女、虚、危三宿，按列国时的分野是**齐**。

（3）诹訾（十月之时，阴气始盛，阳气伏藏，万物失藏养育之气，故哀愁而悲叹，故曰诹訾）：对应危、室、壁、奎四宿，按列国时的分野是**卫**。

（4）降娄（阴生于午，与阳俱行，至八月阳遂下，九月阳微，剥卦用事，阳将剥尽，万物枯落，卷缩而死，故曰降娄）：对应奎、娄、胃三宿，按列国时的分野是**鲁**。

（5）大梁（八月之时白露始降，万物于是坚成而强，故曰大梁）：对应胃、昂、毕三宿，按列国时的分野是**赵**。

（6）实沈（七月之时，万物极茂，阴气沈重，降实万物，故曰实沈）：对应觜、参、井三宿，按列国时的分野是**晋**。

（7）鹑首（南方七宿，其形象鸟，以井为冠，以柳为口。故曰鹑首）：对应井、鬼、柳三宿，按列国时的分野是**秦**。

（8）鹑火（南方为火，言五月之时，阳气始盛，火星昏中，在七星、朱鸟之处，故曰鹑火）：对应柳、星、张三宿，按列国时的分野是**周**。

（9）鹑尾（南方七宿，以轸为尾，故曰鹑尾）：对应张、翼、轸三宿，按列国时的分野是**楚**。

（10）寿星（三月，春气布养万物，各尽天性，不罹天矢，故曰寿星）：对应轸、角、亢、氐四宿，按列国时的分野是**郑**。

（11）大火（心星在卯，火出木心，故曰大火）：对应氐、房、心、尾四宿，按列国时的分野是**宋**。

（12）析木（尾东方，木宿之末，斗北方，水宿之初。次在其间，隔别水木，故曰折木）：对应尾、箕斗三宿，按列国时的分野是**燕**。

二十八宿的名称完整地出现于先秦文献《吕氏春秋》《逸周书》《礼记》《淮南子》和《史记》中，《周礼》也提到了"二十八星"。文献学考证的结果，二十八宿的形成年代是在战国中期（公元前 4 世纪）。

3.3.2　天命映像

《三国演义》第一百三十四回：诸葛亮病重，夜观天象，慨然长叹："吾命在旦夕矣！"姜维问其故，诸葛亮道："吾见三台星中，客星倍明，主星幽隐，相辅列曜，其光昏暗。天象如此，吾命可知。"

诸葛亮以及历代的占星师们是怎么通过天象而知晓"人间祸福"的呢？还是和西方占星术一样，架构和赋予。架构就是十二星次和二十八星宿，下面介绍赋予。

中国古代的甲骨文中已有了关于木星的记载，战国时期就有了五星的说法，最初分别叫辰星、太白、荧惑、岁星、镇星，这也是古代对这五颗星的通常称法。把这五颗星叫金木水火土，是把地上的五原素配上天上的五颗行星而产生的。

古人用二十八星宿来作为量度日月五星（统称"七曜"）位置和运动的标志，因此古书上所说的"月离于毕"（即月亮依附于毕宿），"荧惑守心"（即火星居心宿），"太白食昴"（即金星遮蔽住昴宿）等关于天象的话就不难理解了。

1. 五行及五行生克说

"五行"者，金、木、水、火、土也。古人认为，五行是构成宇宙万物的五大基本要素。《国语》有云："故先王以土、金、木、水、火相杂，以成百物。"

五行的基本规律是相生与相克（图 3.16）。所谓"相生"，是金生水、水生木、木生火、火生土、土生金；每一生都有"生我"和"我生"的相向关联。所谓"相克"，是金克木、木克土、土克水、水克火、火克金；每一克均有"我克"和"克我"的相向关联。生中有克，克中有生，相反相成，运行不息。

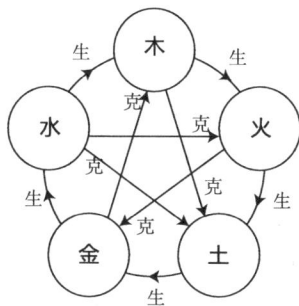

图 3.16　五行相生与相克

占星师根据五星的属性，进一步引申出各星所司之事物：木星以"十二岁而周天"，岁行一次而主年岁；火以炎上而司火旱；土爱稼穑而司五谷；金以兵革而司甲兵死丧；水以润下而司大水。水星运行正常，表明阴阳调和，风调雨顺，故有"辰星兆丰年"之占验；辰星如果"出失其时，寒暑失节"，就要"邦当大饥"。五星的颜色随四季相应变化，就是吉，颜色异常就是凶。又根据五星的属性及相生相胜的关系，占验为"荧惑与辰星遇，水、火（也，命曰，不可用兵）举事大败"。"木与土合为内乱，饥；与水合为变谋，更事（政变）；与火合为旱；与金合为白衣会也。"（白衣指丧服，木金二星会合，星占谓丧凶之兆）五星的相互位置，三星、四星和五星的交会，都征兆着胜负、吉凶、祸福。如汉高祖元年（公元前 206 年）出现"五星连珠"天象，即在清晨日出之前五大行星同时出现聚集于井宿，岁（木）星和土星位居中央，被附会为"祥瑞吉兆"。石氏《星经》称："岁星所在，五星皆从而聚于一舍，其下之国可以义致天下。"为了附会"君权神授"之说，占星家便将其与十个月前刘邦驻军霸上之事牵强联系在一起。《汉书·天文志》说："汉元年十月，五星聚于东井，以历推之，从岁星也。此高皇帝受命之符也。"

《晏子春秋》卷一载：荧惑停留在二十八宿北宫虚宿，齐景公甚感惊异，召问于晏子称：荧惑兆征天罚，现在长此停留虚宿，应该主罚谁呢？晏子说主罚齐国，因虚宿对应属于齐国的分野！后来景公听从了晏子关于施行仁政王道的进谏，推行了三个月德政，荧惑遂离开了虚宿。其实这一记载并不符合天象实际，因为火星不可能会在虚宿停留达一年零三个月之久！晏子不过是假天变以示儆戒罢了。

2. 五纬与七曜

古人把实际观测到的金、木、水、火、土五个行星合起来称作五纬。纬为织物的横线。这五颗行星在天空上，像纬线一样由东向西穿梭行进，故称作五纬。亦称作五曜。古人又把日月同五星合起来，称为日月五星，谓之七政。《尚书·尧典》中记载"在璇玑玉衡，以齐七政"。宋蔡沈传："七政，日月五星也。七者，运行于天，有迟有速，犹人之有政事也。"日月五星又称作七纬。这是古人有意把日月也当成了行星，称作七曜。

然而，古代的天文占星，因为受限于统治者的禁锢而通常多用于国家大事、农事丰歉、战争、朝廷等重要事件。不过，从历代天文占星家的文献里，可知被斌予星相学意义的天象极多。按天象的具体内容可分为七大类。

（1）太阳

日食，"蚀列宿占"（太阳运行至二十八宿中不同宿时而发生日食，其意义各不相同）和日面状况（包括光明、变色、无光、有杂云气、生齿牙、刺、晕、冠、珥、戴、抱、背、璚、直、交、提、格、承以及若干种实际不可能发生的想象或幻象共约五十种）等。

（2）月亮

月食本身，"蚀列宿占"（与日食相仿）"月食五星"（不是指月掩行星，而是指月与五大行星中某星处于同一宿时而发生月食，依行星之不同，其星占学意义亦各异）；月运动状况（运行速度及黄纬变化）；月面状况（包括光明、变色、无光、有杂云气、生齿牙爪足、角、芒、刺、晕、冠、珥、戴、背、璚、昼见、当盈不盈、当朔不朔以及想象或幻象共数十种）；月犯列宿（月球接近或掩食二十八宿之不同宿，其意义不同）；月犯中外星官（月球接近或掩食二十八宿之外的星官，也各有不同意义）；月晕列宿及中外星官（与上两则相仿，但同时月又生晕，则意义又各不同）。

（3）行星类

各行星之亮度、颜色、大小、形状；行星经过或接近星宿星官；行星自身运行状况（顺、留、逆、伏及黄纬变化等）；诸行星之相互位置。

（4）恒星类

恒星本身所呈亮度及颜色；客星出现（新星或超新星爆发，有时亦将其他天象误认为客星）。

（5）彗流陨类

彗星颜色及形状；彗星接近日、月、星宿星官；数彗俱出；流星；陨星等。

（6）瑞星妖星类

瑞星（共六种，无法准确断定为何种天象）；妖星（有八十余种之多，亦很难准确断定为何种天象）。

（7）大气现象类

云、气（颇为玄虚，有许多为大气光象）、虹、风、雷、雾、霾、霜、霄、雹、霰、露。

3. 四象与二十八宿的关系

东宫"苍龙"7 星宿：角亢氐房心尾箕；

南宫"朱雀"7 星宿：井鬼柳星张翼轸；

西宫"白虎"7 星宿：奎娄胃昴毕觜参；

北宫"玄武"7 星宿：斗牛女虚危室壁。

二十八宿，个个都有一段精彩的故事，比如考生最喜欢的奎宿，被附会成"魁"字，形如其字，被描绘成一个赤发蓝面的厉鬼立于鳌头之上，一脚高高跷起，一手捧头，一手用笔点上中试者的名字，所谓"魁星点斗，独占鳌头"便是由此而来。

实际上，历代的占论之法，各凭妙用，并无一定之规，唯一必须遵行的一点是：所作推论应能在星占学理论中找到依据。

也有历代思想家指出，古代圣人动辄言天，不过是借人们对自然现象蒙昧而畏惧的心理，以诫化无道的国君和吓唬无知的百姓而已。而且，最早的天文官员都是由巫、祝、星、卜之类的宗教职业者担任。

正如《中庸》所说——

唯天下至诚，为能尽其性。

能尽其性，则能尽人之性。

能尽人之性，则能尽物之性。

能尽物之性，则可以赞天地之化育。

可以赞天地之化育，则可以与天地参！

参 考 文 献

[1] 斯蒂芬·福里斯特.内在的天空——占星学入门 [M].郭宇,译.昆明:云南人民出版社,2012.

[2] [英] 苏·汤普金斯.当代占星研究 [M].胡因梦,译.昆明:云南人民出版社,2010.

[3] 钮卫星.天文与人文 [M].上海:上海交通大学出版社,2011.

[4] [意] 安东尼诺·齐基基.正确与谬误——漫步于天宫与现实世界之间 [M].潇耐园,译.上海:上海科学技术出版社,2006.

[5] [英] 德里克·帕克,朱莉娅·帕克.解秘占星术 [M].张晓莹,等译.北京:中国旅游出版社,2006.

[6] 姚建明.天文知识基础 [M].2 版.北京:清华大学出版社,2013.

[7] 姚建明,程雷苹.科学技术概论 [M].2 版.北京:北京邮电大学出版社,2015.

[8] 姚建明.地球灾难故事 [M].北京:清华大学出版社,2014.

[9] 姚建明.地球演变故事 [M].北京:清华大学出版社,2016.

[10] 赵荣.中国古代地理学 [M].北京:中国国际广播出版社,2010.

[11] 竺可桢.天道与人文 [M].北京:北京出版社,2011.

[12] 百度文库等网页文章.